一生三法

方道 ◎ 编著

中国华侨出版社

·北京·

图书在版编目 (CIP) 数据

一生三法 / 方道编著 .—北京：中国华侨出版社，2004.4（2024.9 重印）
　　ISBN 978-7-80120-794-4

Ⅰ.①一… Ⅱ.①方… Ⅲ.①人生哲学 – 通俗读物 Ⅳ.① B821-49

中国版本图书馆 CIP 数据核字（2004）第 018385 号

一生三法

编　　著：方　道
责任编辑：唐崇杰
封面设计：周　飞
经　　销：新华书店
开　　本：710 mm × 1000 mm　1/16 开　　印张：12　　字数：136 千字
印　　刷：三河市富华印刷包装有限公司
版　　次：2004 年 4 月第 1 版
印　　次：2024 年 9 月第 3 次印刷
书　　号：ISBN 978-7-80120-794-4
定　　价：49.80 元

中国华侨出版社　北京市朝阳区西坝河东里 77 号楼底商 5 号　邮编：100028
发行部：（010）64443051　　　传　真：（010）64439708
网　址：www.oveaschin.com　　E-mail：oveaschin@sina.com

如果发现印装质量问题，影响阅读，请与印刷厂联系调换。

前 言
Preface

在你说不清自己的时候,最需要认真总结自己曾经做过的事情,从中找到成败的原因。这一点万万不能忽视。

其实,在人生中有许多东西只要稍加留意和观察,你就能变得不一样起来,因为这是成功的一种有效方法。在人生中有许多法则可以思考和追寻。本书是以"一生三法"为题,揭示这样三个主题:

第一,谋关系:每个人都离不开关系,因为关系是人生存的基础。一个人离开关系就只能非常无效地活着,根本就无法拓展人生。我们知道,关系的力量总是巨大的,它有时可以像火山爆发一般,形成威猛的冲力。在实际生活中,一个人如若不善谋关系,就只等于半个人,很难最有效地实施自己的人生计划。但是理顺人际关系又是一件极麻烦的事,也许正因为麻烦,所以只要你处理得巧妙,就会胜人一筹。显然,关系重在"谋"字。

第二,抓时机:时机是成功之本,离开时机等于放风筝时没有风。你可能总是抓不住时机,因为时机总是留给有心人。换句话,你不找时机,时机不会主动给你献殷勤,你不追时机,时机就会以百米的速度四处乱奔。聪明人在做事之前,总是善于抓时机——一且瞄准,就立刻擒住。这样就可以让自己的人生迅速起跳,从而踏入一个成功的人生平台。时机需要"抓",即用"眼"和"心"去"抓"。

第三,敢突破:突破是成功的起跳,没有突破,一切皆无。你的突破方向在哪里?你的突破手段是什么?这都是需要你认真思考的问题。懦弱者常说:"唉,怎么干一件事情这么难啊?老天,可怜可怜我吧!"请你别笑,在失败的个案中,这种人满眼皆是,令人伤悲。但对强者来说,他们最喜欢"突破"一词,把每次突破都视为人生的一次成功,并且还主动去寻找突破口,以便让自己的事业更上一层楼。这就叫敢作敢为!

上述三法表明:无道者,必无成。学会谋划人生之道,不能死板模仿别人,而要靠自己"悟"出诀窍来,这是最为厉害的。有人就是因为不善悟道,所以一辈子都坐在失败之圈中。

"法,即道;道,即路;路,即成。"此等玄奥不会亮在明处,而只会藏于心中。

《孙子兵法》刻意把一个"道"字渲染得淋漓尽致,《三十六计》把一个"计"字琢磨得天衣无缝。人生之道是此两者的最高合一。"道"与"计"相合,即为法。

本书是一部全面研究"人生法则"的力作,希望能得到大家的喜欢。当然更需要你化为己用,加大自己人生成功的力度!

目 录
Contents

篇一
谋关系：理清人与人之间的头绪

关系的力量总是巨大的，它有时可以像火山爆发一般，形成威猛的冲力。在实际生活中，一个人如若不善谋关系，就只等于半个人，很难最有效地实施自己的人生计划。但是理顺人际关系又是一件极麻烦的事，也许正因为麻烦，所以只要你处理得巧妙，就会胜人一筹。

第一章　定局之道：读懂古代智者谋划关系之心 //002

动辄发怒的人多为莽汉 //002

做一个让大家心服的人 //005

开明心胸，有能者即可上 //009

知道别人想什么，就知道自己做什么 //011

控制自己，绝不随意盛怒 //014

对待自己：有功不念，有过常念 //017

宽以待人得人心 //020

切忌因无主见而盲从他人 //026

不可始终让人仰视 //030

第二章 调整之计：精通自己周围的关系学 //034

养成主动与人交往的习惯 //034

重视你的重要接触点 //037

与那些能够给你最大帮助的人交往 //040

变消极等待为积极争取 //042

做老板青睐的员工 //046

积极避免与领导产生矛盾 //048

来点感情投资 //051

小事落个大人情 //053

适当地投其所好 //057

篇二
抓时机：在要紧时刻让自己立即起跳

你不找时机，时机不会主动给你献殷勤，你不追时机，时机就会以百米的速度四处乱奔。聪明人在做事之前，总是善于抓时机——一旦瞄准，就立刻擒住。这样就可以让自己的人生迅速起跳，从而踏入一个成功的人生平台。

第三章　控人之智：洞察古代成功者取势之道 //062

抓住机会就不松手 //062

顺时而行，不停地移动步伐 //067

果敢决断定天下 //070

不变可以挡万变 //074

因人制宜，攻守不会乱 //078

心中有数，就会占得主动 //082

识时务，谋深计，练出一套功夫 //085

在巧妙应对上用足劲 //090

让技巧不着痕迹 //094

第四章 掌时之术：明白自己用时之策 //101

养成善于利用机会的个性 //101

机会是自己制造的 //103

让机遇更快地降临 //106

善于捕捉机遇 //110

要敏锐地"缠住机遇" //113

"我制造机会！" //115

做出伺机待扑的姿势 //117

过度谨慎：最容易失去成功机会 //120

强化机遇意识，走上成功之路 //125

篇三
敢突破：克服面临的一个个难题

懦弱者常说："唉，怎么干一件事情这么难啊？老天，可怜可怜我吧！"请你别笑，在失败的个案中，这种人满眼皆是，令人伤悲。但对强者来说，他们最喜欢"突破"一词，把每次突破都视为人生的一次成功，并且还主动去寻找突破口，以便让自己的事业更上一层楼。这就叫敢作敢为！

第五章 谋事之心：学习古代强者做事之计 //130

借人之势收拾战场 //130

计策比箭还厉害 //135

试一试谁更隐蔽 //138

忍受冲撞和打击 //143

耐着急性子，把事情做稳 //146

力戒浮躁，欲速则不达 //150

别从针眼里瞧人 //153

不改正错误是愚昧的表现 //157

第六章 求成之法：变化自己谋事艺术 //162

做自己的主人 //162

选择造就人生 //164

打败你的只能是你自己 //166

坚持到底的个性 //169

承受挫折的个性 //171

永不绝望的个性 //174

敢于打破常规的个性 //176

冒险的个性 //178

跨越自我的个性 //180

篇一
谋关系：
理清人与人之间的头绪

关系的力量总是巨大的，它有时可以像火山爆发一般，形成威猛的冲力。在实际生活中，一个人如若不善谋关系，就只等于半个人，很难最有效地实施自己的人生计划。但是理顺人际关系又是一件极麻烦的事，也许正因为麻烦，所以只要你处理得巧妙，就会胜人一筹。

第一章
定局之道：读懂古代智者谋划关系之心

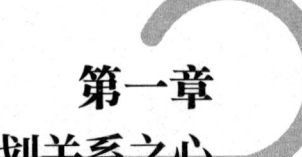

知人之难，莫过于知道关系之难。故读懂关系，是成事必须读懂、修炼的人生课。

动辄发怒的人多为莽汉

做人不能由着自己的性子来，动辄发怒，缺乏忍耐，这样的人是成不了大事的。为什么呢？那些成大事者皆以"忍"字为要，在任何时候都控制自己的情绪，以便事有所成。这就是忍耐之性！

曾国藩认为，身居高位的人，凡事不能容忍，动辄发怒，那么就会遗过于下面的人；如果在下位的人，不顾礼义，却逞强发怒一定会冒犯上位的人；只要有一方不知制怒，而轻易发作的话，后果都是贻害更多的人。这话有一定可取之处。

唐太宗贞观二年（628），河南一个叫李好德的人有精神病，常乱讲一些妖言，皇帝下令大理寺丞张蕴古去察访此事。张蕴古察访后上奏折说李好德确实有病，而且有检验结果，不应当抓起来。治书权万纪上书弹劾张蕴古，因为他是相州人，而李好德的哥哥李厚德是相州刺史，所以说是张蕴古讨好顺从他，考察之情也不会是实事求是。皇帝很生气，下令把张蕴古杀了。后来皇帝暗地里很后悔。

由于自己一时的怒气，不详细核实，不做认真细致的调查，就草菅人命，唐太宗也过于轻率了。这是不忍怒气的后果，人一发怒，出于一时的激愤，做事就有可能过火，等认识到问题的严重性，为时已晚。就在同一年里，又有一次，唐太宗又因为瀛州刺史卢祖尚文武双全、廉直公正，征召他进朝廷，告诉他："交趾久久没有得到适当的人去管理，现在需你去镇抚。"卢祖尚行礼感谢后出来，不久就感到后悔，他托病推辞。皇上派杜如晦等人宣读诏书，卢祖尚坚决推辞，皇上非常生气，说："我派人都派不出去，还怎么处理政务？"下令在朝廷上把他杀了，但很快又感到后悔。魏征对他说："齐文宣帝要任姚恺为光州刺史，姚恺不肯去。文宣帝气愤地责备他，他回答说：'我先任大州的官职，只有功绩并没有犯罪，现在却让我担任小州的官职，所以我不愿意去。'文宣帝就饶了他的死罪。"唐太宗说："卢祖尚虽然有失臣子的礼仪，我杀了他也太过分，由此看来，我还不如文宣帝呢。"马上命令追复卢祖尚荫庇子孙任官的权利。

唐太宗认识到自己做事因怒不忍、过于急躁，以至于连杀了两位臣子，悔恨之意溢于言表。尽管他知错能改，但毕竟有些事情是无法补救的。正是由于怒能造成严重的危害，所以古今中外许多人都下功夫去研究制怒的办法。很多人发现制怒的唯一良方是忍。在一般的情况下，人们应该抑制愤怒情绪的发作，以利自身健康，以利团结他人，以利相安和谐，以利国家社会安定，以利事业发展。在极特殊的情况下，也完全可以以怒为计，震慑敌人，激怒敌人，以便战胜敌人。

人不能心浮气躁，静不下心来做事，将一事无成。荀况在《劝学》中说：蚯蚓没有锐利的爪牙、强壮的筋骨，却能够吃到地面上的黄土，往下能喝到地底的黄泉水，原因是它用心专一。螃蟹有八只脚和两个大钳子，它不靠蛇鳝的洞穴，就没有寄居的地方，原因就在于它浮躁而不专心。

轻浮、急躁，对什么事都深入不下去，只知其一，不究其二，往往会给工作、事业带来损失。戒轻浮是讲人要踏实、谦虚，戒急躁是要求我们遇事沉着、冷静，多分析多思考，然后再行动，不要这山看着那山高，干什么都干不好，最后毫无所获。

《郁离子》中有个故事说，郑国有个人住在边远的地区，三年中学习做雨具，好不容易学成了，天大旱，无雨，雨伞没有用，自然没人买。于是他就放弃了做雨具改学做汲水的工具，用了三年手艺又学成了。逢天雨不断，汲水工具没什么用，只好又回去干做雨具的老本行。可是此时盗贼四起，人们都急需军服兵器，他又想改行去做兵器。手艺学成，又失去时机。相反粤地有个农人。他开垦田地种稻子，连着几年都受涝灾，收获不是很好，人们都劝他把地里的水排净改种黍，他不以为然，仍然种稻，时值天旱三年，他连获丰收，算一算除了抵偿以往歉收的损失以外还有盈余。

天下成大事业者，无不是专一而行，专一而攻。博大自然不错，精深才能成事。要精深，要在某一个领域中成为专门人才，必须克服浮躁的毛病。无论办什么事都不可能毫不费力地成功，急于求成，只能是害了自己。忍浮戒躁确实不容易，要有顽强的毅力，才能做到这一点，但只要有决心、有信心，胸中有个远大的目标，小小的浮躁又有什么不能忍的！

做一个让大家心服的人

　　做人与管人的关系密不可分，一般讲，不会做人一定管不好人，凡是那些充满智慧的管人者，总是先做人，后管人。刘备处理做人与管人的关系，主要体现在五个方面：

　　一是恭敬。综观刘备的一生，由小及大，为人处事无不以恭敬而处之。他三让徐州，一方面是自己实力不够，怕因领徐州而成为众矢之的，另一方面则深感自己才少德薄，难以担当大任。在颠沛流离多年之后，他听取了水镜先生的意见，诚心诚意地寻求助手，三顾茅庐不乏恭敬谦逊之语。他的恭敬相应地换回来真诚的相待。所以，尽管他尚处位卑势单的境地，却无处不受尊敬。如他投曹操，曹操待如上宾，他奔袁绍，绍亲出邺城二百里相迎，其部众散而复聚，足见其凝聚力之强。

　　二是宽厚。《三国演义》中描写刘备的宽厚之处颇多，如在如何夺取西川的问题上，他与庞统、法正产生了意见分歧。当刘备和刘璋在涪城相会时，庞统主张设宴以杀璋，法正也积极支持，但刘备却不同意，说："厢初入蜀中，恩信未立，此事决不可行。"表面上看这是刘备宽厚的又一表现，但实质上刘备的战略眼光要远得多。刘备大军入川，刘璋的灭亡只是迟早而已，刘备此时所虑并不是解决刘璋，而是要解决民心所向的问题，而且更重要的还有一条就是不能由他刘备来背"同室操戈"的坏名声，他要设法找到有利的借口，待民心顺又有正当的理由时，他也不会心慈手软的。后来的事实也表明，刘备的心思的确要高人一筹。

三是诚信。讲究信义、信用这是做人的基本标准。君臣之信、朋友之信、兄弟之信，都要求彼此之间真诚相待，不受恶语的中伤，也不怕敌人的离间，坦诚不二，始终如一，这也是刘备仁德的重要内容。他三顾茅庐之后，与诸葛亮结下"鱼水关系"，从此便将军国大事俱托付给诸葛亮，对其言听计从。诸葛亮感其知遇之恩则披肝沥胆，鞠躬尽瘁，成为千古佳话，其中"信"字起了核心作用。刘备为信守"桃园誓盟"不惜丢弃江山，东征伐吴以雪关羽被杀之恨，此乃"信"所致。及秭归败溃，白帝托孤，对诸葛亮嘱以身后大事，也是"信"之所致。

刘备在当阳长坂大败，只剩下百余骑，奔到天明，未见来追敌人，方才歇马。正凄惶间，糜芳来报："赵子龙反投曹操去了也！"刘备叱道："子龙是我故交，安肯反乎？"张飞说："他今见我等势穷力尽，或者反投曹操以图富贵耳！"刘备说："子龙从我于患难，心如铁石，非富贵所能动摇也。"糜芳说："我亲见他投西北去了。"张飞说："待我亲自寻他去，若撞见时，一枪刺死！"刘备说："休错疑了，岂不见你二兄诛颜良、文丑之事乎？子龙此去，必有事故。我料子龙必不弃我也。"关于赵子龙投曹之事，糜芳说亲眼所见，张飞分析得亦有道理，但刘备坚信子龙决不会背叛，可见彼此相知之深，信任之坚。而正是由于这种信任，刘备左右的确也形成了一支甘愿肝脑涂地、至死不渝的仁人志士队伍，其事业也才能得以壮大。

四是勤敏。在东汉末年战乱仍频、人欲横流、尔虞我诈、弱肉强食的年代里，单纯地讲宽厚是不行的，必须要有相应的机智和敏捷才能实现匡扶汉室的宏愿，对此刘备是有充分认识的。虽然从总体上看刘备"机权干略，不逮魏武"，即他不可能像曹操那样明目张胆地运用霸术，但其机谋权变的本领还是有的，这为他壮大自己的实力提供了可靠的保证。

其实刘备是大智若愚。他与曹操有过几次交锋都没有诸葛亮的帮助，但终以他胜曹败为结束，可见其智虑之深。

第一次是荀彧为曹操献"二虎竞争"之计，曹操力图挑起刘备与吕布的矛盾，但刘备在接到曹操来信后便已识破其机关，因此一方面敷衍曹操，一方面又暗中实告吕布，破坏了曹操的计谋。接着荀彧又献"驱虎吞狼"之计，使袁术攻刘备。刘备得诏书出兵讨袁，明知是计，但又不敢违抗，只因张飞醉酒误事，被吕布袭了徐州，曹操是一计被破，一计得逞，打个平手。

第二次是青梅煮酒论英雄，当曹操一语道破天下英雄"惟使君与操耳"时，刘备一惊，不免失态，但又能随机应变，借用"圣人迅雷风烈必变"来掩藏过去，使曹操没有完全窥视出刘备的真心。这次是刘备胜。

第三次曹操与刘备擒杀吕布后，曹操对刘备实施控制，将其软囚于自己的控制之下，而刘备则日思脱逃之计。突报袁绍已破公孙瓒，而袁术使人归帝号于袁绍，于是刘备自愿请兵半路截击。曹操虽然同意却并不放心，叫朱灵、路昭两人，暗中牵制刘备。途中刘备催促急行说："吾乃笼中鸟，网中鱼。此一行如鱼入大海，鸟上青天，不受笼网之羁绊矣！"曹操此番又以失败告终。

所以，说刘备老实是错误的，他在许多问题上也是善于玩弄权术的。再如白帝城托孤，孙盛就指出："苟所寄忠贤，则不须若斯之诲；如非其人，不宜囚篡逆之涂。是以古之顾命，必贻话言；诡伪之辞，非托孤之谓。"意思是说，如果认为所托的是忠贤之人，则不必说这种话，如认为所托非人，说这种话就会给他作为篡位的借口。毛宗岗对此也疑道："或问先主令孔明自取之，为真话乎？为假话乎？"其实，这是刘备为保其江山设下的又一计谋。他明知刘禅是扶不起来的，而诸葛孔明才是顶世脊梁，孔明掌权要废后主易如反掌，所以他才说出以上话来，其目的在于封住孔明的口，锁住孔明的行。果然，孔明听毕，汗流遍体，手足无措，泣拜曰："臣安敢不竭股肱之力，尽忠贞之节，继之以死乎！"言毕，叩头流血。同时，刘备还让李严也为托孤大臣，实为达到牵制孔明之用。可见刘备也不愧为一代枭雄。

五是慈惠。君惠臣忠，刘备也确实能努力做到通过自身的修养来吸引人心、军心和将相之心。他在任平原令时，经常和部下同席而坐，同簋而食，获得了人们的好感。众多归附。

君王在统御群臣时存在着一个双向运动的问题，一方面君王要努力作出表率，要为群众办实事，对臣下要关心和爱护，另一方面群臣受其恩泽就能尽职尽忠；相反，作为君王如果暴戾无道，视民众如草芥，视群臣如走狗，则民可反之，群臣亦可弃之。

刘备既仁德宽厚，又承汉室之正统，其用人必以德才兼备。他与曹操不同,曹操乃唯才是用,只要是人才,不论其品德修养如何,所以,曹操阵营中虽良智良才之人众多,而奸诈之辈也不少。相比之下,刘备则坚持先做人,再管人,通过自身的行为来唤起部下忠诚的信念,蜀汉政权虽人才相对较少,却几乎没有人真正叛逃,更是始终没有被篡权的危机,在这一点上,刘备要比曹操成功。

开明心胸,有能者即可上

有些人仅知己,而不知人,其弊端是自以为是。雍正对待这种人深恶痛绝,警告他们应当知人知己。雍正眼界开阔,做到以农为官,真可谓吏治开明。

读书可以通过科考来做官,庄稼种好了为什么不能做官?其实种好庄稼也是一门学问。

让有经验的老农当官,即授予老农顶戴(官帽),这可以说是雍正为发展农业而采取的另一个别出心裁的办法。这个办法也许是他个人的独创。而创新精神无疑是任何一位有进取心又勇于开拓的帝王的一大特点。

雍正二年,个性鲜明的雍正指出:"农人辛苦劳作以供租赋,不仅工商不及,不肖士大夫亦不及也!"在这里,他把农民高高抬了起来,认为农民靠辛勤劳动的成果供给政府租赋,支持国家,这样巨大的贡献非但工商业者无法比拟,就连那些不肖的官僚也无法跟农民的贡献相比——雍正的这一看法虽然有失偏激，但对于一个封建帝王来说，能注意到农民的不易已是难能可贵了。同时，他重视农业和推崇农民的做法也颇值得当代人引以为鉴。

在雍正看来，农民既然有这么大的贡献，那就应该论功行赏，给个官儿做。因此雍正下令各州县官员，每年必须在各乡中选择一两个勤劳俭朴又没有过失的老年农民，授予他们八品顶戴，以示奖掖。

自然，老农这官儿不是好当的，雍正之所以授予他们顶戴，就是要在农民中树立楷模，以便众人仿效，提高垦田耕种的积极性。同时，农官还有另外一项任务，那就是他们有责任用他们的先进经验指导当地的农业生产，以让群众走上共同富裕的道路。

雍正的这一举措，非常值得后世深思。试想，一个封建帝王，久居深宫，又如何会有如此超前的意识呢？其实并不奇怪，奥秘在于雍正的亲民意识、民本思想和从实际出发，注重社会现实探索。话虽这样说，真正认识到老百姓的内心要求并不容易。无可否认，雍正的这一举措的确是非常超前的，因为他所处的时代，是十八世纪初期，距今约有二百七八十年的历史。

从来就没有无源之水，从来就不存在无根之树。如前所说，雍正的这一举措，也是根据当时的实际情况提出的。当时，清朝地方政府，只设有管税收的官吏，却没有指导生产的政府机构。也就是说，当时的各级地方政府只管向老百姓要钱要粮，却从未从投入方面着眼，从根本上考虑问题，只管索取，并不过问老百姓的生产生活等问题。这就导致当时的农业生产乏力的局面，这种局面严重地阻碍了社会发展。因此，雍正才根据实际情况，设立农官一职，以督促和指导农业生产。

农官的设立，毕竟是千古以来第一次尝试，其中还存在着不少的缺陷，甚至可以称之为滑稽——老农当了官儿，头顶着顶戴花翎，却要冒着严寒酷暑，出入于田间地垄，荷锄挥汗。这不但滑稽可笑，同时也有损于封建社会的伦理纲常。此外，更有甚者，则是地方上某些乡绅无赖，往往靠贿赂的方式就能得到这个顶戴，并借此大耍淫威，横行乡里。更有趣儿的是，有些无赖乡绅，竟借此自称某县"左堂"，（所谓左堂，亦即县太爷为右堂，自己则为左堂，意即与县太爷平起平坐的意思。）建立衙门、私设牢狱，以朝廷八品大员自命，竟公然要朝廷九品巡检服从他的命令。至此，这非农非官的农官就背离了雍正当初设此一职的本意。

发现这个问题后，雍正立即命令把那些冒充的农官革退，另选合适人选替补，并允许那些不法的农官及其举荐官员自首，对拒不自首的则严惩不贷。在他的命令下，那些劣绅无赖只好乖乖就范。

这件事，让人看出雍正的又一心智：既能大力推行改革，又能及时纠正改革中出现的弊端。这不但需要改革者有坚韧不拔的决心和心智，同时还要求改革者有勇于承认错误的勇气和度量。而雍正，恰恰正是这样的一位改革者。从中也可以看出雍正敢做天下人都不敢做的事的胆略。

知道别人想什么，就知道自己做什么

做人办事必须有攻守转换之计，即通过"知己知彼"的方法，取得

"百战不殆"的效果。《兵法·谋攻篇》说："知己知彼，百战不殆；不知彼而知己，一胜一负；不知彼，不知己，每战必殆。"既了解敌人又了解自己，百战都不会失败；不了解敌人而只了解自己，胜败的可能各半；既不了解敌人，又不了解自己，必然每战必败。这里，孙子以简洁鲜明的语言，指明了掌握敌我双方情况，对战争胜负的重要意义，揭示了唯有心中有数，方能永远立于不败之地的成功规律。

三国时期，刘备三顾茅庐，请得诸葛亮出山。诸葛亮为刘备认真分析了竞争对手的情况，他指出：在当时的割据军阀中，曹操已"拥有百万之众，挟天子以令诸侯"，力量最为强大，刘备暂时还无法与之争锋；"孙权据有江东，已历三世，国险而民附，贤能为之用"，只能联合而不能谋取。可以夺取的战略据点，只有荆、益二州。荆、益二州是用武之地，天府之国，更重要的是统治荆、益二州的刘表和刘璋，软弱无能，不得人心，完全可以取而代之。然后，诸葛亮为刘备提出完整的大略方针：占领荆、益二州，作为立足之地；然后，"西和诸戎，南抚夷越"，妥善处理好同少数民族的关系；"外结好孙权，内修政理"，搞好内政外交，发展实力；待时机成熟，就从荆、益二州兵分两路，进取中原，统一全国。这就是著名的《隆中对》的内容。刘备对诸葛亮的谋划大为赞赏，拜请他照此办理。后来的历史进程证明，诸葛亮对敌我双方特别是竞争对手的分析，是正确的。刘备的政治生涯，正是遵循这一路子取得发展的。

只要做到"知己知彼"，就会做到百战无不利。《三国演义》中诸葛亮的锦囊妙计正说明了这个问题。当时赤壁之战，孙、刘联合抗曹，大破曹军，暂时解除了北方的威胁。之后，孙、刘之间开始了荆州的争夺。

当时，刘备中年丧偶，失去了甘夫人。周瑜得悉这一消息，便向孙权献上一计，派人前往荆州向刘备说媒，假意将孙权之妹嫁给刘备，然后骗刘备至东吴招亲，扣为人质，逼还荆州。孙权派吕范前往提亲，刘备"怀疑未决"。但诸葛亮胸有成竹，料知东吴之谋，让刘备答允这门亲事，而且会使"吴侯之妹，又属于公；荆州万无一失"。然后，诸葛亮坐镇荆州，令勇将赵云带500兵士，保护刘备招亲。临行前，诸葛亮授予赵云三个锦囊，并嘱咐赵云按囊中"三条妙计，依次而行"。赵云牢记军师嘱咐，依锦囊所授之计而行，使刘备东吴之行化险为夷，顺利招亲，得了"佳偶"，而且安全返回荆州。使孙权、周瑜落得个"赔了夫人又折兵"的结局。

人们佩服诸葛亮料敌如神，计谋高超绝伦。其实，诸葛亮是在完全了解吴国君臣的心计情况下订立的妙计。首先识破"提亲"是骗局，便将计就计，大造舆论、声势，搞得沸沸扬扬，搞成既成事实，迫使孙、周哑巴吃黄连，只得弄假成真。其次，他深知刘备戎马半生，丧偶又得佳丽，会沉溺安乐，"乐不思蜀"；同时又深知孙、周会因此利用荣华安乐、声色犬马软禁刘备，因此设了第二条计。其三，他料定刘备逃出，孙、周绝不肯善罢甘休，会派兵追回刘备等人，因此设立了第三条计，让刘备请出孙夫人来退兵。

刘备招亲过程中，刘备、赵云等人能够处处主动，步步占先，就在于有诸葛亮的三条锦囊妙计。诸葛亮之所以能在事情发生之前预先定下应付妙计，是由于他对事态的发展有着高度准确的预见。他这种先见之明，绝非来自主观臆断，而是来自对己方和彼方情况的深入了解以及对事态发展的符合逻辑的透彻分析。

由此可见，在兵法上强调"知己知彼"，在做人办事时同样如此——只有知道别人想什么，才知道自己干什么。

控制自己，绝不随意盛怒

人与人之间交往，如果太轻易暴露自己的情感则容易受到伤害，人应该学会保护自己，不同的人有不同对人对事的态度，掌握一定权力的人，把自己的喜怒经常流露给下级，下级则会投其所好，而掩盖事物真正的本质。普通人过于直率地表露自己的情感，则显得为人肤浅，也容易开罪于人。所以要忍耐住自己的情绪，不要过多地暴露出来。

侯生，韩国人，史佚其名，原为秦始皇信任的方士。秦始皇三十二年（公元前215年），秦始皇曾派他与韩终、石生"求仙人不死之药"。

韩终、石生都是秦时的方士。据说韩终曾经不穿衣服，只着菖蒲（一种植物），长达三年之久，以致身上都生了毛，以后冬天再冷他也不怕。还说他能"日视书万言"，并且都能背诵出来。石生则仅见于《史记·秦始皇本纪》之中。接受秦始皇的命令后，二人便均不知所终。也许死于咸阳"坑儒"的四百六十余人当中，也许逃亡他地。

侯生虽受秦始皇信任，但他知道自己是提着脑袋过日子，弄一些连他自己都不相信的东西欺骗秦始皇，早晚是要被识破的。于是，秦始皇三十五年（公元前212年），侯生与另一个方士卢生一合计，决定

"三十六计走为上"，跑了。临行前散布了一堆秦始皇不爱听的话，称："始皇为人，刚愎自用；灭诸侯，并天下，意得欲纵，以为自古没人比得上自己；专任狱吏，狱吏得亲幸；博士虽七十人，只是备员而不用；丞相诸大臣都是接受已经决定好的事情，在皇上的指示下进行办理。皇上乐以刑杀为威，天下都畏罪持禄，不敢尽忠。皇上听不到自己的过错，一天比一天骄傲，臣下则慑伏谩欺以取容。秦法，不得一个人兼行两种巫术，不灵验的就处死。但是候星气占卜者多达三百人，都是良士，他们畏忌讳谀，不敢直言皇上的过错。天下之事无小大都由皇上来决断，皇上批阅文件用衡石来称量，每天都有限额，不达到定额不休息，贪恋权势到如此程度，不可以为他求仙药。"这番话的结果，是酿成了四百六十余人被坑杀的悲剧。

  侯生、卢生知道自己犯了死罪，为了缩小目标，便分头逃亡。卢生一去再无音信，不管有何传说，反正秦始皇再没见过他。而侯生不知何故，是过不惯逃亡的日子？是舍不下亲人？还是对四百六十余人的死感到内疚？居然壮着胆子又回来了。

  秦始皇获知侯生回来了，立即下令将其拘来见自己，准备痛骂一顿后车裂处死。为此，秦始皇做了一番精心的准备，特意选择在四面临街的阿东台上怒斥侯生。这里能够让许多人都看得见、听得着，可以起到杀一儆百的作用。当始皇远远望见侯生走过来时，便怒不可遏地骂开了："你这个老贼！居心不良，诽谤你主，竟还敢来见我！"周围的侍者知道侯生今天活不成了。

  侯生被押到台前，仰起头说："臣闻，知死必勇。陛下肯听我一言吗？"始皇道："你想说什么？快说！"于是，侯生鼓动起嘴巴说道：

"臣闻：大禹曾经竖起一根'诽谤之木'，以获知自己的过错。如今陛下为追求奢侈而丧失根本，终日淫逸而崇尚末技。宫室台阁，连缀不绝；珠玉重宝，堆积如山；锦绣文采，满府有余；妇女倡优，数以万计；钟鼓之乐，无休无止；酒食珍味，盘错于前；衣裘轻便和暖，车马装饰华丽。所有自己享用的一切，都是华贵奢靡，光彩灿烂，数不胜数。而另一方面，黔首（秦时对不做官之人的称呼）匮竭，民力用尽，您自己还不知道。对别人的指责却恼怒万分，以强权压制臣下，以致下喑上聋，所以臣等才逃走。臣等并不吝惜自己的性命，只是惋惜陛下之国就要灭亡了。听说古代的圣明君主，食物只求吃饱，衣服只求保暖，宫室只求能住，车马只求能行，所以上没有看到他们被天所遗弃，下没有看到被黔首抛弃。尧时茅屋顶不修葺，栎木房椽不砍削，夯土三级为台阶，却能怡乐终身，就是因为少用文采、多用淡素的缘故。丹朱（尧之子）傲慢肆虐，喜好淫逸，不能修养自身，所以未能继承君位。如今陛下之淫，超过丹朱万倍，甚于昆吾（夏的同盟者）、夏桀、商纣千倍。臣恐怕陛下有十次灭亡的命运，而没有一次存活的机会了。"

听了这番话，始皇默然良久，之后缓缓说道："你何不早言？"侯生回答："陛下的心思，正在飘飘然欣赏自己的车马服饰旌旗之物，且自认有贤才，上侮五帝，下凌三王；遗弃素朴，趋逐末技，陛下灭亡的征兆已经显露很久了。臣等生怕说出来也没有什么益处，反而自己送死，所以逃亡离去而不敢言。现在臣必定要死了，才敢向陛下陈述这些。这番话虽然不能使陛下不灭亡，但要让陛下知晓明白为何灭亡。"始皇问道："我还可以改变这一切吗？"侯生回答："已经成形了，陛下坐以待毙吧！如若陛下要想有所改变，能够做到像尧和禹那样吗？如果不能，改变也毫无意义。陛下的佐助又非良臣，臣恐怕即使改变也不能保存了。"始皇听后长长地叹了一口气，下令将侯生放掉。

　　侯生逃亡之事发生在秦始皇统治末期，虽然秦始皇当时不过四十六七岁，尚属英年，但他已经取得了骄人的功绩，头脑热胀，目空一切，犹如侯生所说，不太能清醒地正视自己。即便如此，在对待侯生的态度上，我们还是能够看出秦始皇纳谏的勇气，说明他还不糊涂。尤其是在盛怒之下，在听了侯生一番大逆不道的言辞以后，秦始皇居然能将他放走，从秦始皇的性格上分析似乎不太可能，但是从他一贯的用人之道来分析，秦始皇往往能在盛怒之下控制自己的感情，当然对方必须是言之有理，话必须说到点子上，否则必有后患。

　　任何一个想达到大胜的人，都必须记住控制自己的重要性，这个道理很简单，即不能控制自己，你也无法与人相处好，也就引导不了别人。这样，还说什么操纵大胜之局？

对待自己：有功不念，有过常念

　　居功自傲者往往不是因别人而败，而是因为自己张扬个性而败。洪应明说："我尽管帮助或救助过别人也不要常常挂在嘴上或记在心头，但是若做了对不起别人的事却不可不经常反省；反之假如别人曾经对我有过恩惠却不可以轻易忘怀，别人做了对不起我的事就不可不马上忘掉。"

能够做到不居功自傲,忘记自己有功于人,并且时常反省自己的过失,这才是真正的君子。要知道,有功并不是好事,倘若功高震主,那就是灾难了。因此,正确对待功劳,把它淡化处理才是明智之人。

社会是由人组成的,人与人之间通过各种形式的交往而发生各种关系,从而产生了是非恩怨。一般当受人恩惠时,开始都心存感激,并且所受恩惠越大,感激越深。可是,时过境迁,别人对自己的恩惠会逐渐淡忘,以致最后全忘掉了。但是当别人辜负了自己,对其产生怨恨之心,就会念念不忘,并记在心头伺机报复,如此一来,恩怨何时能了呢?因此,为人处世最好的办法是:有功不念,有过常念;忘过记功,忘怨报恩。这样,就会达到糊涂处世的最高境界了。

龙树《菩提心论》:"妄心若起,知之而勿随之。妄念若息,则心源空寂矣。万德齐备,妙用无穷。"

妄念,就是邪念。一个人妄念缠身,无异于作茧自缚,陷于进退两难的境地,甚至自取灭亡。这并不是骇人听闻,危言耸听。一个正常的人,一旦被妄念所纠缠,经常会变得荒谬无知和可笑,经常做出荒唐可笑、蛮横无理的事来。这样的人,只有受到社会大众的指责,他才会明白自己所做的一切,否则不可能清醒认识到自己的错误,入歧途而不知返。

当我们被妄想与邪念缠绕时,应该深刻地反省自己。佛祖说:"名利的欲望太强烈就好像使自己跳进火坑,贪婪之心太强烈就等于使自己沉入苦海;只要有一丝纯洁观念就会使火坑变成水池,只要有一点警觉精神就能使苦海变成乐园。"可见,世间万物都是由于心的反映而表现善恶,人生境遇的幸福与否在于人心的一念之间。

现在的人一心想要做到心中没有杂念,但是又做不到。其实只要使从前的旧念头不存于心中，对于未来的事情也不必去忧虑它，只要把握现实，将眼前的事情做好，自然就会使杂念慢慢消除。

在现实中，我们常看到一些人，一旦生活不如意时便怨天尤人，懊悔过去，对现实不满，梦想将来。其实，我们只要抱着"检讨过去，把握现实，策划未来"的态度，自然就能达到一种高尚的"不为念想囚系，凡事都要随缘"的糊涂境界。

一次，齐国宰相晏子到晋国去，经随从介绍结识了一个很有觉悟、有学问的人越石父。

越石父家境贫困，为了养家糊口，正给人家当奴仆。晏子很同情他，重金将他赎了出来。然后叫越石父同自己一道返回齐国。

晏子离家良久，在外想家，现在到了家门口，车未停稳就急急朝内室走去。越石父见状转身即走，晏子吃惊地问："我同你素不相识，你替别人当了多年奴仆，我将你赎了出来，这样对你，难道还有不够之处吗？"

越石父回答道："一个高明的人，绝不能因为自己对别人有些功劳与恩赐，就轻视待人。当我上车时，你座位也不让，我认为你是偶然忘记了。现在到了你家门口，弃我而去，连招呼也不打，你太过傲慢，我走了。"

晏子十分佩服越石父的见解，连忙道歉，请进家中，奉越石父为上宾。

唐太宗李世民为了审察手下的文官是否清廉，有一回，他暗中吩咐心腹拿着国库绢去试贿。

有一个管宫门的官吏不明其中的含义，接纳了一匹国库绢。李世民大怒，在他的朝廷中真的有贪官污吏，决心杀一儆百，以儆效尤。

大臣裴矩听到这件事，赶忙进宫求见太宗，裴矩说："陛下，暗中叫心腹拿着国库绢去试贿，恕臣直言，这种考察人的方法不正确，是不义的行为，是陷人于法。明显是陛下派人送给他的，反过来又说人家贪污受贿，明摆着不是用计害人吗？这样下去，将来又会有谁敢上朝做官，为国出力呢？望陛下三思。"

李世民乃一代明君，他听了裴矩的进谏，认识到自己的试贿举动确实荒唐，无言以对。第二天召集文武众官，宣布自己的过错，来安抚人心。

春秋时，齐桓公与管仲、鲍叔牙、宁戚在一块喝酒，桓公对鲍叔牙说："你给我说点祝酒的话吧！"鲍叔牙举起酒杯，站起来说："祝您不要忘记出奔莒地的事，祝管仲不要忘记在鲁国被缚而归的事，祝宁戚不要忘记在车下喂牛的事。"桓公听后，离开座席向鲍叔牙再拜致谢说："我和管仲宁戚两位大夫，都不忘掉您的忠言，齐国的社稷就肯定不会废绝了！"这就是说只要时常想到艰难困苦的时候，就不会骄傲了。

曾国藩有句名言："一生戒傲者必可圆通"，可以作为本章小节，希望大家明鉴之。

宽以待人得人心

与人交往，当以"取长补短"为好，只有这样，才能做到各逞其能，人尽其才，使全社会的人力资源得到最充分的利用。而要如此，作为一个领导者必须要有宽阔的胸怀和容人的气度。那种"小肚鸡肠"是用不好任何一个人，也是成不了大事的。

谦让，不仅要让，而且要包容。对此，清代林则徐曾写过一副堂联："海纳百川，有容乃大；壁立千仞，无欲则刚。""有容"，即有宽广的胸怀，宽以待人；"乃大"指胸怀宽广之人，必如江海之大，容纳百川，成我大事。古今无论是卓越的政治家，还是杰出的企业家都是既能用人之长，又能容人之短的。用人处事倘若看不到别人的长处，听不进不同意见，一有缺点就贬，一有过失就免，这样"则世无可用之人"。特别令人厌恶的是看到部属做出了成绩，超过了自己，就妒忌，就排斥，或者贪部属之功据为己有，则必大失人心，众皆离异。所以，凡是深得人心的领导者，被人称道之处就在于他们的胸怀大度，宽容待人。或者说，凡是胸怀大度者，必人归如涌，事业有成。

《东周列国志》载：春秋时，秦穆公曾出猎于梁山，夜失良马数匹，使吏求之。寻至岐山之下，有野人三百余人，聚而食马肉。吏不敢惊之，趋报穆公："速遣兵往捕，可尽得。"穆公叹曰："马已死矣，又因而戮人，百姓将谓寡人贵畜而贱人也。"乃索军中美酒数十瓮，使人赍往岐下，宣君命而赐之，曰："寡君有言：'食良马肉，不饮酒则伤人。'今以美酒赐汝。"野人叩头谢恩，分饮其酒，齐叹曰："盗马不罪，更虑我等之伤，而赐以美酒，君之恩大矣。何以报之！"至是，闻穆公伐晋，三百余人皆舍命趋至韩原，前来助战。恰遇穆公被困，一齐奋勇救出。此战，秦转败为胜，穆公脱险，正是得力于容人之力。

罗贯中笔下的周瑜是一个气量狭小的典型，当其发现诸葛亮才智过人时，便高呼："既生瑜，何生亮。"当诸葛亮借得东风，率人离去时，周瑜急派人"追杀孔明，以绝后患"；后追杀不及，诸葛亮乘船归去。

周瑜由此大病，不久身亡，时年仅 35 岁。可见其气量何等狭小！也可见气量狭小之害。其实，历史上的周瑜并不像罗贯中笔下描绘的那样。据史料载，他"性度恢廓，大率为得人"。起初，程普自恃功高年长，瞧不起周瑜，甚至"数陵侮瑜，瑜折节容下，终不与较"，感动了程普。"普后自敬服而亲重之，乃告人曰：'与周公瑾交，若饮醇醪，不觉自醉。'时人以其谦让服人如此。"可见，史学家笔下的周瑜是很有一些大政治家的气量的。也可见，气量"恢廓"之利。两种描述，两种胸怀，虽同为一人，却从正反面说明了"有容乃大"之于用人的极其重要的意义。

但是，有这么一种人在此值得一提，即，当其处于逆境时，其度量之大，能纳百川；而当其处于顺境时，其气量之小，不及鸡肠。最典型的莫过于明时朱元璋"炮打功臣楼"，汉朝吕皇后设计杀韩信，正所谓"狡兔尽，走狗烹"。对此，唐时魏征多有论述。魏说："怨不在大，可畏唯人，载舟覆舟，所宜深慎。"魏征认为，过去许多国君，创业时谨慎待人，一旦大功告成，即傲视他人，视兄弟如路人，视部属如仇敌。这样，部属表面恭敬，心里怨恨。怨恨不在大小，可怕的是人心向背，水能载船，也能覆船，你不容我，我又何能容你！

当然，任何宽容都不是无边无际的，它有两个最基本的原则。一是"取其精而忘其粗，重其内而忘其外"。即看其内在的实质，而不看其外在的虚华；看其是否具有事业所需要的最基本的品质和智能，而不拘于些小的弱点和缺陷。二是"容错不容罪"。容人之短、容人之错是因为其"短"、其"错"不影响其实质，而如果一个人本质恶劣危害人民，犯下十恶不赦之罪，则万万不可容忍，否则，便是对人民的犯罪。即使其具有一技之长，也不可因以赦罪，至多可在其教育改造中，给予利用一技之长戴罪立功的机会。

"世无废物，人无废人"，是说世间万物皆有其用，无一为废；芸芸众生，皆为可用之人，无一可闲。有些人，看起来无用，实际上是人们未识其可用之处，正如古人所说："山木自寇也，膏火自煎也。桂可食，故伐之；漆可用，故割之。人皆知有用之用，而莫知无用之用也。"

其实，有用无用要做具体分析，各人有各人的才识，各人有各人的长短，在此种条件下，他可能显得"无用"，而在另一种条件下，却可能是不可缺的能手。这里所指条件，一是，时之不同，用之不同。这里所指的"时"，一为时机，即时机未到，待而观望，时机一到，立露身手。二为时间，人之成长，有一个时间过程，时间不至，才识不熟，难以为用，而一旦时至成熟，则可能胜任愉快。三为时势，太平盛世，可显露许多治世良才，而难以发现兵战良将；相反，纷战乱世，可显露许多兵战良将，可又较难发现治世良才。毛遂自荐之前，不仅长期闲而无用，而且食则要鱼，出则要车，其欲难足。而自荐以后，却于急难之中立有大功，使人刮目相看，视为大才。我国湖南省红安县在近代出将军203人，而在此之前，千万人中才者难显其一，长期默默无闻，非是无才，确为时势所致。二是事之不同，用之不同。物之不同，各有其用；人之不同，各有其能。如果不据其能，而任意支使，则大多能、事不合，而显其无用。《韩非子·杨权》篇中说："夫物者有所宜，材者有所施，各处其宜，故上下无为。使鸡司夜，令狸捕鼠，皆用其能，上乃无事。上有所长，事乃不方；矜而好能，下之所欺；辩惠好生，下因其材。上下易用，国故不治。"意为物有所宜，才有所施，只有各处其宜，才能各显其能。而如果颠倒错用，使鸡捕鼠，令狸司夜，则必显其无用。三是识之不同，用之不同。未识其能，视为无用，而识之其能，则可能视为"大才"。而且，识其一面，仅知其一面之能；而识其全面，则知其全面之能。诸葛亮闲居隆中，躬耕陇亩，如果不为刘备所识，恐怕也不会"三顾茅庐"，至今也不会在世上流传一个聪明智慧的象征——诸葛孔明。有一位著名歌唱家起初人们只知其善舞，不知其能歌，后来，她改行为歌唱演员，人们才知其不仅善舞，而且能歌，便迅即奉为"歌唱之星"了。这正如古人所说："玉札丹砂，赤箭青芝，牛溲马勃，败鼓之皮，俱收并蓄，待用无疑者，医师之良也。"可见，一个良医，不仅应看重"玉札丹砂"，而且也应看重"牛溲马勃"，后者看起来，似无大用；而一旦差缺，可值千金。物之如此，人也一样，常常在其失去之时才显示其存在的价值。所以，正如俗话所说，要"听其无言之言"一样，要"识其无用之用"。

学会谦让，学会释争，就能明白什么是真正的用人之道。比如在同一个部门里，有人勤劳，有人懒惰，有人活泼，有人安静，有的效率高，有的却相反。但有这么六种人，为人不可谓不好，但总得不到重用、提拔。为什么呢？这几种人就值得自我反省了。

第一种人精于工作，也有知识、技术和才华，能得到一些同事的喜爱与尊重。但由于工作性质或人事结构，使他的知识、才能得不到发挥。他学的知识完全与工作挂不上号。别人升迁、加薪、晋级，他却只是增加工作量。对这种境遇，他早就不满，也早就想找个能发展自己的地方或工作，但他不能大胆陈述、努力捍卫，而只是拐弯抹角地讲一讲，信息得不到传达，或根本被上司忽视了。一切全因为他像一只绵羊温顺驯服，不知明天的自我在哪里，一切等别人来使之变化。

第二种人工作任劳任怨，认真负责，可是他的工作很少人知道，尤其他的上司。别人可以用他的成绩去报功、请赏，可他还是无大作为。他内心也想得到荣誉、地位、薪水，但没有学会如何使人注意到自己，注意到自己的成绩、成就。一些坐享其成的人在撷取他的才智成果，他只会面壁垂泣。

第三种人不能说不自信，甚至是自信过了头。在工作上很能干，表现也很不错，却看不起同事，用不愉快、敌视的态度跟人相处，与每个人都有点意见冲突。行为上太放肆，干涉、骚扰别人。大家对这种人"恨而远之"。他的好办法，好成绩，人家也全不理会。

第四种人可能心不在焉地工作，时常迟到早退、拖延工作或者东游西荡打发工作时间。毛病不在于他做不好工作，在用心时，他的工作是第一流的，只是因为并不促使自己恰如其分地工作，所以他根本就没有发挥自己的潜能。由于自制行为有了问题，使他形成不良的工作习惯，阻碍了他的升迁晋级。善于总结工作的人，常怪他为何不能做得更好。起初，上司或许也有点失望和惋惜，可到了后来也不抱什么希望了。上司总是想方设法把这种人打发走，或者调到无足轻重的岗位上去。

第五种人一边埋头工作，一边对工作不满意；一边在完成任务，一边愁眉苦脸。让人总觉得他消极、被动，而上司认为他是个干扰工作、爱说牢骚话的人，只知道对工作环境和同事的工作发牢骚，泄怨愤。也许他希望工作和环境秩序好一点，却不能在适当的场合，用适当的方式认真提出来，而只一味地抱怨。同事认为他难相处，上司认为他不顺手。结果升级、加薪的机会却被别人得去了，他只有"天真"的牢骚。

第六种人对任何请求，都笑脸迎纳。别人请他帮忙，他总是放下本分工作去支援，自己手头落下的工作只有另外加班。他为别人的牺牲不少，但很少得到别人与上司的赏识，背后还说他是无用的"老实头"。对自己的权利、利益从来不知道去维护，也不敢去争辩。在别人面前不会说"不"，把许许多多不能完成的工作都压到自己身上，全然不知道向别人提出来。到头来心中感到委屈、不好受，只能到家中向妻儿发"犟脾气"。

可见，做人需要有宽容之心，不要计较自己得失，才能得到自己想要得到的一切。

切忌因无主见而盲从他人

"随大流"、"人云亦云"，是人性的弱点之一。心理学家将这种现象称为"从众效应"，其特点表现为盲从。如果置身其中，即使有主见的人也容易受其感染而失去辨别能力。人性的这一弱点，使得道听途说，飞短流长，造谣诽谤将永远与人类同在，"众口铄金"，"谣言重复一千遍就会成为事实"的骗局和人言可畏、流言杀人的悲剧将杳无止期。明白这一消极后果，局外人当众口一词之时，切莫盲从，须记住"耳听为虚，眼见为实"。

中国古代，就有"三人成虎"的故事：战国时期，魏王和赵王订好条约，魏王送儿子去赵国做人质，派大臣庞葱陪同。庞葱临走前，对魏王说："大王，如果有一个人向您报告，说大街上发现了一只老虎，您相信吗？"魏王笑了笑说："不信。老虎怎么会跑到大街上来呢？"庞葱接着说："如果有两个人说街上来了一只老虎，您相信吗？"魏王答道："两个人都这么说，我就半信半疑了。"庞葱又说："如果三个人都这么说，您相信吗？"魏王点了点头说："三个人都这么说，我就相信了。"于是，庞葱抬高了声音："老虎不会跑到大街上来，这谁都知道。只因为三个人都这么说，大街上有虎的谎言便使人信以为真了。我们离开魏国去赵国，恐怕在背后议论我们的不止'一个人'，请大王仔细考察！"魏王笑了笑说："我知道了，你放心去吧！"

果然，他们走后不久，就有许多人议论庞葱，说他的坏话，而魏王最终还是相信了。

舆论的影响是巨大的，众口一词，能够把金属般坚固的事物熔化掉。谎言重复一千遍，也就变成了真理。

小人大都喜欢搬弄是非、造谣生事，他们的话大多是假的，或无中生有，或张冠李戴，或添油加醋，但是假话也可以乱真，甚至在某种意义上说，它并不假，其中的奥妙就在于是否有弄假成真的手段。

清朝末年，光绪皇帝想要变法图强，任用康有为、谭嗣同等一班新派人物。尽管光绪确有变法的决心，曾对西太后表示："我不能做亡国之君，如果不给我皇帝的实权，宁可退位。"但实权仍操纵在西太后手中。因此，在整个变法过程中，反变法的"后派"人物，一直把小报告当做打击维新派的一种有力武器。维新派成立强学会，他们便向西太后打小报告说"私立会党，将开处士横议之风"，西太后便据此强迫光绪下令封闭强学会；维新派组织保国会，他们又向西太后打小报告说保国会"保中国不保大清"，从中破坏；光绪任用一批新派人物，他们又说皇上只用汉人，不用满人，只用青年人，不用老年人，连礼部尚书的老婆也跑到西太后那里说："皇帝偏心汉人，咱们满洲人将无立足之地了。"最后连皇帝要借助洋人阴谋陷害老佛爷的小报告也送上去了，慈禧终于恨得牙痒痒地说："咱跟他势不两立。"下手镇压了维新派。

戊戌变法是一次复杂的历史事变，它的失败有多种原因，这里不能详细讨论。但就那些奸佞小人造谣生事的手段来说，确实被某些人熟练地运用着，大至国家政务，小至家庭纠纷，无不如是，正派人往往因疏于防备而受其伤害。

战国时有个军事家叫吴起，与孙子齐名，号称孙吴。现在讲兵法只讲《孙子兵法》，虽然吴起也有《吴子》一书，却很少有人知道，当然，这部现存的《吴子》是否真货也尚存疑。倒是吴起杀妻求将的故事，编入戏曲，流传颇广。真可谓"好事不出门，恶事行千里"。

吴起一生颇为坎坷。他是卫国人，曾拜孔子的弟子曾参为师，后来在鲁国做事。鲁国与齐国作战，鲁君想用吴起，但吴起的妻子是齐国人，因而有此疑忌。吴起为了表明心迹，便杀了自己的妻子，领兵大败齐军。但他又因杀妻求将，不见谅于鲁人，落得个残忍阴鸷的罪名，受到人们的嘲笑。于是吴起又杀了30多个诽谤他的人出逃。

后来吴起在魏国为将，为魏国立下了汗马功劳，深受魏文侯的信用。但是，待到公叔担任魏国相国时，吴起的命运便发生了波折。

公叔是韩国的贵族，娶了魏国的公主，靠这种裙带关系，不学无术的公叔居然也爬上了相国的高位。才疏学浅的人总是嫉妒有才干的人，公叔当然也不例外。虽说文韬武略不及吴起，但在小人伎俩上公叔却颇有两手。为了排挤陷害吴起，他精心安排下一条弄假成真的毒计。

吴起为人清廉，很爱惜自己的名声，公叔跑到国君那里讲"吴起是位贤人，但魏国是个小国，邻近便是强大的秦国，只怕吴起不一定肯长期留在魏国吧。"魏文侯问："那该怎么办呢？"公叔乘机献计："可以试探一下吴起的心意。您把公主嫁给他。如果吴起想留在魏国，他一定愿意娶公主；如果他推辞，那就是不想留下了。"魏文侯听后感到确有道理便依计行事。公叔先行一步约请吴起到家中做客，公叔事先已同夫人串通一气，让她当着吴起的面故意对自己发怒，公叔则装作非常惧内，在老婆面前连大气也不敢喘。看到公叔身为宰相竟如此怕老婆，吴起心里真替公叔惋惜，什么样的女子不能找偏要娶个金枝玉叶！

不久，魏文侯派人向吴起提亲，让他当魏国的驸马。这在过去，吴起恐怕正求之不得。但此时吴起心中却立即浮现出公叔家中那令人心悸的一幕，为了免于步公叔的后尘，吴起婉言拒绝了魏文侯的一番美意。魏文侯还以为吴起有了异心，从此便冷落了吴起，不敢重用。吴起失去了魏文侯的欢心，只得离魏出走，投奔楚国去了。

公叔排挤陷害吴起，有一连串的环节，但最为关键的一环，便是离间魏国国君与吴起的关系。其方法便是在魏文侯心中播下怀疑的种子。这颗种子通过上述一系列精巧而琐碎的布置，以一种似乎确凿无误的事实呈现在魏文侯面前，使他相信了"吴起有去魏之心"的逸言。小报告弄到这种程度，真可谓"假作真时真亦假"了，用兵高明如吴起者，在这种小人面前也终于败下阵来。

本来没有的事，三弄两弄成了实有的事。但假的毕竟是假的，只要多留个心眼，眼观六路，耳听八方，多多留神，无论在哪一步，都可能挫败对手的阴谋。只要有一处挫败，事实就无法成立。事实无法成立，假就弄不成真。弄假成真的伎俩也就破解了。

汉景帝时,晁错为内史,很受景帝信用,提出过许多革新的建议。丞相申屠嘉因为晁错的建议触犯了他的利益,一直在伺机构陷。晁错的府邸在老皇帝太庙外空地上的短墙里,出入很是不便,于是晁错在矮墙南面开了两个门。申屠嘉借此大做文章,状告晁错擅凿庙墙为门,奏请杀头。晁错听到申屠嘉的图谋后,赶到申屠嘉之前,将真实情况报告了景帝。所以待到申屠嘉告状时,汉景帝只轻描淡写地说了句"不是庙墙,是庙外空地上的墙",便否决了申屠嘉的小报告。申屠嘉回家后大发脾气,说:"我应当赶在他的前面,现在他捷足先登,我反而被卖了。"晁错的机警,使他躲过了一次谗言的灾祸。

可见,为人处世不能因无主见而盲从,偏信他人,否则就会酿下祸根。

不可始终让人仰视

为人处世不可傲慢,摆出让人仰视你的姿态,这样你会把自己逼上绝路。大家知道,凡是有宠可恃的人,必然有某种资本:或者和权势人物有某种特殊的关系,或者立过什么大功,或者具有某种为权势者所赏识的特殊才能。但是,历代官场上的事情是三十年河东,三十年河西,有资格施给你恩宠的那个人是在不断变化的,或者他本人失去权势(因死亡，因下台），你所倚仗的靠山失去了，一切恩宠顿时冰释雪消；或者他的兴趣变化了，喜好转移了，你所倚仗的资本贬了值，你的恩宠也就衰弱了。

然而恃宠者在春风得意时，是想不到这一点的，他们恣意妄为，傲视一切，于是，为自己树立了一个强大的对立面，一旦时易世移，对手们群起而攻之，恃宠者不败何待！

所以，应该记住老子的话："生而不有，为而不恃，功成而弗居，夫唯不居，是以不去。"

张说是唐玄宗时的宰相，既有智谋，又有政绩，很得唐玄宗的信任，他也就恃宠而骄，目中无人，朝中百官奏事，凡有不合他的意的，他便当面斥责，甚至加以辱骂。他不喜欢御史中丞宇文融，凡是宇文融有什么建议，他都加以反驳。中书舍人张九龄对他说："宇文融很得陛下恩宠，人又有口才、心计，不能不加以提防！"张说轻蔑地说："鼠辈，能有什么作为！"

偏偏张说自己也不是无懈可击的人，他贪财受贿，终于被宇文融抓住了把柄，向皇帝奏了他一本，朝廷派人一查，还真是有那么回事。这一来张说神气不起来了，吓得在家待罪。当唐玄宗派宦官高力士去看望他时，他蓬头垢面，坐在一块草垫子上，一只粗劣的瓦罐中，盛的是盐水拌的杂粮，算是他的饭食，等待着朝廷给他的处分。唐玄宗知道了这个情况，倒颇同情他，想起他毕竟是有功之臣，便只撤掉了他的宰相职务，并没有另加惩处。

一个大臣恩宠正隆时，在处理人际关系时，常常表现为三种形式：对君上越发恭顺，以保其宠；对同僚排斥倾轧，以防争宠；对下属盛气凌人，以显其宠。这其实是一种很不明智的做法，这样一来势必树敌太多，使自己陷于孤立。这种人又常常只是将职位相同、权势相等的人视作对手，小心加以防范，而对职位比自己的低的人往往不大放在眼里，如张说所说的那样，"鼠辈，何能为！"这更是一种缺乏远见的做法，殊不知过了河的小卒还能制老将于死地，下属们造起反来往往最能击中要害。金无足赤，人无完人，任何一位权势者都有自己薄弱的环节，不要因为一时的恩宠而忘乎所以，以为自己是一尊打不倒的金刚。

可是有人偏偏犯这样的毛病。

邓艾是三国时期魏国人，他原是一个给人放牛为生的孤儿，又因为有口吃的毛病，总也没能谋上个什么差使。后来由于一次偶然的机会，他遇见了司马懿，司马懿发现他并非寻常之辈，便委以官职，从此，他跻身于魏国的军界、官场。由于他出色的军事指挥能力，屡建奇功，官职一再升迁，从一个下级军官最后封侯拜将，成为魏国后期最为出色的将领。

公元263年，他奉命率师西征蜀国。蜀道之难，难于上青天，他不畏艰险，迎难而上，在穿行七百里无人地带时，沿途尽是不见顶的高山，不可测的深谷，粮食又已经用尽，军队几乎陷入绝境。邓艾身先士卒，亲自前行探路，有的地方根本无路可走，他便用毯子裹身，从险峻的山崖上滚了下来。就这样尽经险阻，走奇道，出奇兵，出其不意地包围了蜀国的京城成都，迫使蜀国的皇帝后主刘禅束手投降，刘备所开创的蜀国至此灭亡。

由于建立了这样的殊勋，朝廷下诏大大褒奖了邓艾，授他以太尉这最高的官衔，赐他以两万户最厚的封赏，随他出征的将官也都加官晋级。

邓艾因此居功自傲，扬扬得意地对部下说："你们要不是因为我邓艾，怎么会有今天！"又对蜀中人士说："要不是遇到我邓艾，你们恐怕早就没有性命了！"同时，给朝廷中执掌大权的司马昭提出了他对下一步行动的安排：虽然现在是乘胜攻吴的好时机，但士兵太疲劳了，可留在蜀中休整，并修造船只，做攻吴的准备；以优厚的待遇对待刘禅，封他为扶风王，其子也封为公侯，原有的部下也尽赏以钱财，以此表示对投降国君的优宠，来诱使还没有投降的吴国皇帝。

这样的事情，只有中央朝廷才能有权决定，因此，司马昭未置可否，只是派人告诉他："凡事应当上报朝廷，自己不得做主。"邓艾不听，依然坚持自己的意见，并当众宣称说："我受命出征，既然已经取得了灭国虏帝这样的重大胜利；至于安排善后的事情，稳定新降之国的局势，应该由我相机处理。蜀国的地理形势十分重要，应当迅速安定下来，如果什么事情都等待朝廷的命令，路途遥远，延误时机。古人说过：'大臣在离开国境之后，凡是有利于国家之事，有权自己做主'，现在是非常时期，不可按常规办事，以致失去良机。兵法上说，一个优秀的将领应该是：进攻不是为了追求个人的好名声，退却也不害怕承担罪责，我虽然还达不到这样高的标准，也不愿为了避嫌而损害国家的利益！"

邓艾的这一番话自然没有什么错误，但对于一个手握重兵，远离国土的人来说，这种话不能不令人心生疑窦。与他一同出兵的钟会对他的大功本来就十分妒忌，便以此为把柄，诬告他有谋反之心；司马昭也担心他功高权大，难于控制，于是，一道诏书下来，将邓艾父子用囚车押送京师，中途被仇家杀掉。

可怜耿耿忠心，70高龄的邓艾，再也不会想到，当他建立殊勋之日，也正是他灭亡之时。

可见，人不能傲，傲必败！做人办事绝不能傲慢，傲慢者会招致更大的杀伤力！

第二章
调整之计:精通自己周围的关系学

不做一个在关系学中半生不熟的人,而要做一个遇人能和、遇事能做的游刃有余者。

养成主动与人交往的习惯

一、主动地与陌生人打招呼

主动地与陌生人打招呼并保持联系,这是许多大人物的做法。

在一个相互间并不熟悉的聚会上,你可能会发现,百分之九十几的人都在等待别人主动打招呼,他们也许认为这样做是最稳妥也是最容易的。而余下的百分之几的人则不然,他们通常会走到你的面前,一边伸手一边自我介绍。这时的你就像他乡遇故人一样对来者产生一种心理上的依赖,因为他是你此时此地唯一能够交谈的对象。当他以主动热情的自我介绍走遍了会场的每个角落后,他无疑就成为这次聚会中最重要最知名的人物之一。

大人物与小人物的最主要区别之一就是大人物认识的人比小人物多。从这点来看,做一个大人物并不十分困难,只要你能主动地把手伸给陌生人。其实与陌生人交谈并没有什么障碍,只要你回忆一下别人主动与你交谈时的内心的激动,便会知道认识别人或被人认识都是令人愉快的事情。当你尝试着向陌生人伸出手去,并互通姓名之后,便会觉得这比一个人被动地站着要轻松得多了。

当然,真正的相识并不只是靠这简单的握手。在初次见面之后,你还必须主动写信或打电话给那些需进一步认识的新朋友,这一点是很重要的。每次与陌生人的握手就像是埋下了一粒友谊的种子,但它是否发芽、开花、结果则全看你日后的培养。

二、首先对别人表示友好

卡斯特先生是一位做事挺认真的人,在公司,总是勤奋工作,很受上司和同事的信赖。

他对待家人也蛮不错,就有一样不好:平时对家人很少主动开口。上班的时候默默地走出家门,回家的时候,也默默地进来,从来不主动跟家人打招呼什么的。

一天,他参加某公司的研讨会,当时,一个讲师讲了这样一句话:

"一个人如果在家庭的人际关系处得不好,心情难免有阴暗面,这种气氛,就随着他进入工作场所。所以,我们甚至可以说,使工作场所的气氛不明朗的元凶,就是你自己!"

这句话,是讲师对着在场的每一个人说的,但是,卡斯特先生听来却觉得好像是针对自己而说的,就像一把利刃,直刺他的心。

他暗自下了决心:"好吧,从今天开始,我一回家就跟爱人打个招呼,别再像以前那样了……"

当天晚上,他一踏入家门就扯起嗓子,洪亮地说了一声:"我回来了!"

这是从来没有过的事,把卡斯特太太吓了一跳:"是你呀,我还以为是谁呢?快换衣服歇一下吧。"

"你今天看来好漂亮噢!"

卡斯特太太又是一惊:"你是怎么了?我还不是天天都是这副模样?快换衣服吧,洗澡水已经烧好了。"她吃吃地笑着走进里面去了。

卡斯特先生通常在洗澡之后就边吃饭边喝酒,由于酒量大,常常听太太的牢骚。今天的她却跟以前大不相同,卡斯特不断地喝,她就不断地斟。

卡斯特先生觉得自己喝得差不了,没想到太太又拿出一瓶酒来劝说:"再喝一点,好不好?"她这样加酒,也是头一遭。

卡斯特先生心里确实吃了一惊。一句略表关怀的话,竟然有这么大的效果,实在是他做梦也没想到的。

三、创造与别人交往的契机

哈伊曼生活在西班牙托雷泰小城,是一个经纪人。托雷泰是贫困地区。哈伊曼头脑灵活,口才又好,他要为改变家乡面貌做些努力。7年前哈伊曼开始他的"奇特行动":将他感兴趣又能为家乡办实事的人请到自己的事务所,为他擦皮鞋,以便跟他谈天说地,交朋友做生意。据他说,被他邀请的人很少拒绝。

当哈伊曼在托雷泰小城里感到空间太小时，便决定去首都闯天下。他常利用节假日去马德里。他说："擦皮鞋并不像有些人认为的是低贱的事情。我只看着我感兴趣的人的皮鞋。慢慢地做总要半个多钟头，同时了解对方更多的信息。当然，擦皮鞋是不收费的，但我交了不少朋友，我在家乡小城的生意也做了一笔又一笔。"

哈伊曼选择谈话的对象是有的放矢的。他讲过这样一个故事：

哈伊曼在报上看到一位正在闹丑闻的大银行家的报道，决定给他打电话。哈伊曼说明用意后，银行家对着话筒哈哈大笑："那就请你来我家擦皮鞋吧！"那天，哈伊曼如约而去。那是马德里富翁的高级住宅区。银行家已吩咐家人将未擦的皮鞋排成一排放在房门口。哈伊曼见状不卑不亢地对主人说："不，你的脚上只有一双皮鞋。我来这里不是为了钱，而是为了跟你谈谈话。"银行家对哈伊曼的举动颇感诧异。他们交谈起来，结果通过哈伊曼的努力，很快在托雷泰出现了一个小型企业，给了几十个失业者就业的机会。

重视你的重要接触点

千万不要以为你能独自控制你在事业上发生的一切。

不，你不能够。从某种意义上说，你的命运是由别人决定的。你唯一的希望，是设法影响别人的决定。

每一种职业都有它重要的接触点——人。他们能推你向前,也能拉你后退。他们能使你成功,也能使你失败。

你的上级、你的值得信赖的顾问、你的重要的客户、你的出色的下级、你的信息的来源……他们都是你的重要接触点。

我们一般都能认清谁是我们明显的接触点,但有时我们也不免会忽略一些不明显的接触点。如果真的忽略了,那将是一个极大的错误。

同样重要的是,自己虽然已经建立了重要的接触点,却忽视了彼此的关系,或者说忽视了与他们保持不断的、直接的和亲自的联系。因为有时我们已将注意力转移到更加紧急的事情上了。这就是说:你误认为你一旦点燃了火种,便可以不必再添柴而能使它永不熄灭了。

在事业方面,有两种重要的接触点:一种是保持现状的接触点——是指可以帮助你保持你现在的良好状况,而不失去力量或优势的那些人们;另一种是改进情势的接触点——是指那些能帮助你进一步发展的接触点。

例如:对一位厂长或经理而言,保持现状的接触点——他的上级组织或领导;改进情势的接触点——有横向联系的其他单位的领导。

对销售员而言,保持现状的接触点——一位忠实的客户;改进情势的接触点——已经努力争取了很长时间的新客户。

对一般干部而言,保持现状的接触点——他的直接领导;改进情势的接触点——虽在偶然间相识,但能提供他一个进一步发挥才干和担任较重要工作的人。

你的重要接触点,不管看起来如何经久,却不必期望长久保持。只有极少数的重要接触点,可以长久保持。你今天依赖的人,也许明天就不存在了。也许是他们的情况变化了；也许是你的情况变化了；也许是你们彼此间的关系改变了。

衡量一种关系的好坏，其方法之一，就是看维持这种关系需要多少妥协。凡属人际关系的维持，都不免需要几分妥协。其中需要最少妥协的关系，就是最好的关系。你得盘算一下，为了保持某一重要接触点，你愿付出多大的代价。如果需要太多的妥协，或太大的代价，那还不如另觅他途！

因此，我们需要一套直接的、亲自的和持续的接触准则。

（1）直接的接触。

就是指不用任何中间人的接触。在事业上，有些事情你可以授权他人，但有些事你就不能授权。与你的重要接触点保持联系，正是你不能授权他人的一项。亲自去接触吧！

（2）亲自的接触。

就是指手握手的接触，面对面的接触，眼对眼的接触。只要是适当，即使亲密无间亦无不可。写信固然不错，打电话也未尝不可，但面对面接触则更佳。

（3）持续的接触。

就是指稳定的、持久的、不终止的接触。与持续的接触相对的，是一曝十寒的、偶尔为之的接触。

请你记住：忽略了你的重要接触点，实际上就等于浪费你的金钱，也等于浪费你的时间。

与那些能够给你最大帮助的人交往

当你与适当的人结伴同行时，你通往峰顶的道路一定更为平坦。

哪些是有益的同伴呢？就是那些能够帮助你的人，更重要的是，是那些实际能够给你勇气的人。但千万不要尝试阿谀巴结某些人，那你是不会从他们身上得到任何帮助的，因为他们随即就会察觉你的意图。当然你也不会愿意你的周围有些阿谀奉承的人流连不去。在这里关键的字眼是交往，而不是攀附。

那么，你该跟谁交往呢？跟那些成功人士，那些已经功成名就或者正朝这个方向前进的人。

寻找那些热情的人、乐观的人、认为杯子半满而不是半空的人、那些俗话说："生命给了他一颗柠檬，他就能够做出一杯柠檬水的人"、工作勤奋的人，也就是那些卷起袖子、努力达到攀登顶峰路上每一个目标的人。

你需要那些自动自发地同伴，那些具有追求成功动机的人、自信的人、自我管理、自我救助的人、那些愿意将所知传授给别人的人，包括教师、教练、主管、同事、家庭成员中的长者和智者、训练员和领袖。所有这些人能够通常也都乐意使你攀登顶峰的路途更为平坦。他们本身就是成功的人。

为了与那些能够给你最大帮助的人交往，应注意以下几点：

①应尽可能结交优于自己的人，并朝这一目标而努力。结交卓越的人士，便能见贤思齐；反之，若结交程度远逊于自己的朋友，自己难免

同流合污。

当然，这里所谓的"卓越的人士"，并非是指家世显赫、地位超绝的人，而是指有内涵、让世人所称道的人物。

"卓越的人士"大体上可区分为以下两大类型：一为立身于社会主导地位的人们，其次则是指那些有着特殊才华的人们，例如长袖善舞，对社会有着杰出的贡献，才能突出或是学识渊博的学者，才华横溢的艺术家等等。此种杰出绝非凭一个人的喜好所界定，而需经由社会上的认同方可获得。当然，其间或许有些例外。总之希望你能结识这些人才。

至于怎样与这些人结交，没有成形的办法，也许是厚着脸皮毛遂自荐，或是经由知名人士的大力引荐，当然也可以加入群英聚会的团体里去寻觅朋友。居于其间，仔细去观察拥有不同人格、不同道德观的人们，不仅是件赏心悦目的乐事，更对你有所助益。

身份地位高的人们所聚集的团体，并不见得便是人们所称道、喜爱的。因为，即使身份高高在上的人群里，也有脑袋不灵光、不懂得人情世故、一无可取的人。结集学识渊博者的团体，就不免有这种现象。这些人虽然已经获得人们衷心的尊敬，但却称不上是交往的绝佳对象。这些人往往不知道快乐是什么，不清楚世间为何物，只是一味地埋头于学问的钻研中。若是你参加此种团体，就必须不时地警告自己，经常性地探出头来看看圈外的世界。如此一来，你的判断能力也能日渐提高。然而，一旦你紧密地参与其间，成为不知世事的学者，那在你重新踏入鲜活的社会时，就很难步履轻快了！

②保持判断力，不可不顾一切地全身心投入。几乎所有的年轻人，均渴望能和才华横溢的人物成为知交。如认为自己也小有才气，那更是

如鱼得水。即使达不到此目的，也能满足自己与其共荣的心理。然而，即使是和这些才气横溢、魅力十足的人物交往，也不可不顾一切地全身心投入。不丧失判断力，才是最适当的交往方法。

并非每个人均能心悦诚服地接受才智这种东西。相反，它往往会令人产生恐惧的心理。一般说来，在众目睽睽之下，人们每每对锋锐的才智感到惧怕。这就似妇人女子一见着枪炮便会害怕的道理一样。恐惧对方会突然扣动扳机，子弹便"咻"的一声朝自己飞了过来。但是，认识这些人，继而亲近、了解这些人，确实是件有意义、令人欢欣的事。只是，不论对方多么有魅力，如果自己就此终止和其他人的交往，单和这群人往来，那将会得不偿失。

变消极等待为积极争取

精明的生意人，想把自己的商品待价而沽，总得先吸引顾客的注意，让他们知道商品的价值，这便是杰出的推销术。如果你具有优异的才能，而没有把它表现出来，这就如同把货物藏于仓库的商人，顾客不知道你的货色，如何叫他掏腰包？你的上司并没有像 X 光一样透视的本领，因此，你只有通过积极地自我推销，才能吸引他们的注意和重视。想做大事业，必须放弃"薄薄的面子"，更新观念，积极为自己创造更多的机会。

一、要学会表现自己

有人易给人一种夸夸其谈、轻浮浅薄的印象。因此,认为最大限度地无闻是最好的处事方法。但是,"现在是干的人不香,说的人飘香。"如果你尝到这种苦头的话,那么,证明你缺乏干的艺术和说的艺术。请你自问一下,别人不愿意做的事情,是否领导都了解?靠别人发现,总归是被动的。靠自己积极地表现,才是主动的。成功者善于积极地表现自己最高的才能、德行,以及各种各样的处理问题的方式。这样不但表现了自己,也能够吸收别人的经验,同时获得谦虚的美誉。学会表现自己吧——在适当的场合、适当的时候,以适当的方式向你的领导与同事表现你的业绩,这是很有必要的。

二、将期望值降低一点

人有百种,各有所好。假如你投其所好仍然说服不了上司,没能被对方所接受,你应该重新考虑自己的选择。倘若期望值过高,目光盯着热门单位,就应该适时将期望值下调一点,把目光转向另一个单位;还可以到与自己专业技术相关相通的行业去自荐。美国咨询专家奥尼尔如是说:"如果你有修理飞机引擎的技术,你可以把它变成修理小汽车或大卡车的技术。"

三、最大限度地表现自己的美德

人是复杂的、多面的,既有长处也有短处;既有优点也有缺点。如何扬长避短,最大限度地表现自己的美德,这是现代青年人必备的素质。聪明人能够使自己的美德像金子一样闪闪发光,具有永恒的魅力。你是否最大限度地表现了自己的才能和美德呢?这可是成功的一大秘诀,它有利于丰富你的形象,有利于你事业的成功。如何最大限度地表现自己的美德呢？请记住"尽善尽美"四字。马尔腾认为："事情无大小，每做一事，总要竭尽全力求其完美，这是成功的人的一种标记。"

人们都想得到一个较高的位置，找到一个较大的机会，使自己有"用武之地"。但是，人们却往往容易轻视自己简单的工作，看不起自己平凡的位置与渺小的日常事务。而成功者即使在平凡的位置上工作都能做得十分出色，自然也就能更多地吸引上级的注意。成功者每做一事，都不满足于"还可以"、"差不多"，而是力求尽善尽美，问心无愧。他们的任何工作都经得起"检查"。他们的美德，就是在一件件小事中闪闪发光的。

最大限度地表现自己的美德，这里还有一个度的问题。表现自己而又恰如其分，这既是一种能力也是一门艺术，它往往体现一个人的修养。

四、适当表现你的才智

一个人的才智是多方面的，假如你想表现你的口语表达能力，就要在谈话中注意语言的逻辑性、流畅性和风趣性；如果你想表现你的专业能力，当上司问到你的专业学习情况时就要详细一点说明，也可以主动介绍，或者问一些与你的专业相符的新工作单位的情况；如果你想让上司知道你是一个多才多艺的人，那么当上司问到你的爱好兴趣时就要趁机发挥，或主动介绍，以引出话题。如果上司本身就是一个爱好广泛的人，那么你可以主动拜师求艺。至于表现自己的忠诚与服从，除了在交谈上力求热情、亲切、谦虚之外，最常用的方式是采取附和的策略，但你要尽量讲出你之所以附和的原因。上司最喜欢的是你能给他的意见和观点找出新的论据，这样既可以表现你的才智，又能为上司去教育别人增加说理的新材料。如果你实在想表示与上司不同的意见，不妨采用

《史记》中"触龙说赵太后"的迂回的办法。

五、另辟蹊径、与众不同是一种显示创造力，超人一等的自我推销方式

款式新颖，造型独特的产品常常是市场上的畅销货；见解与众不同，构思新奇的著作往往供不应求。独特、新颖便是价值。物如此，人亦然。他人不修边幅，你则不妨稍加改变和修饰；他人好信口开河，你最好学会沉默，保持神秘感，时间越长，你的魅力越大；他人总是扬长避短，你可试着公开自己的某些弱点，以博得人们的理解与谅解；他人自命清高，孤陋寡闻，你应该尽力地建立一个可以信赖的关系网；他人虚伪做作，你要光明磊落，待人坦诚；他人只求可以，你则应全力以赴，创第一流业绩；他人对上级阿谀奉承，你却以信取胜。倘若你愿意试试以上方法来表现自己，就一定可以收到异乎寻常的效果。

六、推销自己是自然地流露而不是做作地表现

会表现的人都是自然地流露而不是做作地表现。成功者从不夸耀自己的功绩，而是让其自然地流露着。在你向领导汇报工作时，不妨说："我做了某事……但不知做得怎么样，还望您多多指点，您的经验丰富。"这样，你好像是在听取领导的指点，而实际上你已经表现了自己，又充分体现了你谦虚的美德。如果你以请功的口气直接向你的领导说，我做了某事，这事很不简单，做起来真不容易，其具有如何高的价值。这样，你在领导心目中就已经损害了你的形象，也降低了你在领导心目中的价值。

做老板青睐的员工

为什么许多人工作勤恳,但却举步维艰,从未像他们期待的那样得到提升呢?为什么有的人能为老板带来累累硕果,而其他人却碌碌无为呢?美国一家全国性的医药用品公司的创建人兼总裁巴里·艾吉,经过20多年的观察发现:成功的雇员,他们的举止与态度就如同管理自己的公司一样;而且事实证明,老板们也是这样期待自己雇员的。

假如你想得到提升,你必须通晓以下几条原则:

一、善于解决问题

人人都会遇到难题,这就看你是否善于解决。受老板青睐的员工懂得不断发现问题,善于解决问题。解决问题是你大显才能的好时机,也是你为公司发展创造价值的机遇。实际上,许多人的升迁都仰仗其在工作职责范围之外的出色表现。善解难题的雇员最让老板注目。

一天早晨,电报收发员卡纳奇来到办公室的时候,得知由于一辆被撞毁的车身阻塞了路线,铁路运输已陷于大乱,最糟的是铁路分段长司各脱恰又不在。

卡纳奇将如何处理呢?按照条例,最好的办法就是等待司各脱的到来。因为只有铁路分段长才有权发调车令,别人干了便会受到处分或革职。堵车的情况仍在继续恶化,货车全部停运,载客特快也因此而误点。

卡纳奇顾不得许多了,他毅然破坏了铁路上最严格的一条规则,发出调车集合电报,上面签着司各脱的名。

等司各脱到来时,阻塞的铁路已畅通,诸事都顺利如常。他非常惊异,但什么也没说。不久,卡纳奇升任司各脱的私人秘书,到了24岁,便升任为这一铁路的分段长。

二、不必谨小慎微

据一位大公司的总裁介绍,他曾拒绝过一个各方面都很出色的候选人,因为他被推荐得太细了。这位总经理解释说:"好的推荐是必要的,但此人太完美了,完美得让人恐惧。他的衣服、头发、指甲,甚至,甚至牙齿都很完美。他是一件塑料制品,但我不信这个,没有人是完美的!"

许多人都认为让老板发现自己的不足,机遇就会泡汤。因此,他们处处谨小慎微,开会时坐在后排,尽可能不惹人注目,唯恐哪里有所疏忽,泄露出"自己不完美"这一事实。

避免出错的唯一办法是不再有任何新作为。一个从不出错的人,给人的感觉是不思进取,缺乏创造力,只会忙于日常事务。谨小慎微的人是不会有大作为的。

三、学会推销自己

你必须让上司了解你的才能、技巧和潜力,这是你的职责。你必须学会推销自己。

有天上午,一位叫安德鲁的青年要求见老板赛福,说有件"对我、对你、对公司都很重要"的事。过了一会儿,安德鲁走进办公室,非常自信地说:"直截了当地说吧,我有能力和才干做更多的事,负更多的责任,而且我正秣马以待。"

说得太好了,短短三句话,简明扼要,但他的言外之意更重要,安德鲁想要更多的钱,而他却让老板来说。他就是这样不断推销自己,逐步当上了公司的行政副总裁，目前已拥有了自己的公司。

四、勇于自我尝试

不要相信"机会只有一次"这一说法。机会随时会有，而且往往来得太快。假如知道自己能胜任某项工作，就大胆地去迎接。要相信自己的能力，不要坐等事物自我完善。当上司问你"能否胜任新的工作"时，应毫不犹豫地回答"当然"。

你也许吓得要死，对自己说，"我确实不能胜任，我已感到自己超负荷了。"当人们接受新的职责时有这种感觉是很正常的。然而，只要你能游泳，即使是狗刨式，也要跳进去，过一会就学会仰游了。

积极避免与领导产生矛盾

领导者和被领导者之间发生矛盾的事是难免的，遇到这种情况，当然作为领导要解决好和下级的关系，这是问题的一个方面，或者说是主要的方面；问题的另一方面，作为下级该怎么处理好同上级的关系呢？

有些人和上司发生矛盾时，有意无意地指责上司的多，反省自己的少，同时还缺乏对工作环境的考察和分析。

一个单位工作的好坏，领导的成功与否，不光跟领导者有关，还跟被领导者和工作对象有关，可以说是领导者和被领导者相互作用产生的结果。

领导者的业务水平、管理技能和协调人际关系的能力是领导成功与否的关键。被领导者的技术水平、劳动态度、竞技状态、责任心、义务感又是影响领导的重要因素。而工作性质、组织规模、类型、任务的紧迫程度、团体的士气、工作环境的地理状况等等,也可能成为造成领导者与被领导者矛盾的客观因素。

当我们和上司发生矛盾的时候,首先应当冷静地分析一下上司、自己和工作环境三个因素,特别应当先考虑一下自身的因素:对本职工作喜欢吗?个人意向是否融合在集体目标里?是应付差事呢,还是积极主动地干活?是否自恃文化高或者有什么专长而目中无人?自己的知识、才能、技术贡献出多少?对自己的工作效率和效果清楚吗?

如果存在上述那些常见的毛病,就应该在自己身上找原因。单纯责怪"领导差劲"是片面的。

人人都希望自己和上司的关系融洽,怎么样才能做到这一点呢?这个问题涉及的方面很多,最重要的是以下三点:一尊敬,二谅解,三帮助。这既是同事、朋友之间相处应该注意的原则,也是协调领导者和被领导者关系应该注意的重要问题。

(1)尊敬。

这不是教人阿谀逢迎,溜须拍马,也不是提倡盲从,而是鼓励大家正确认识自己,正确对待领导。初到一个地方,他人对某个领导的介绍和评价,往往带有不少主观的色彩,这就容易使我们造成一种"先入为主"的观念,以致真假难辨,"人云亦云";而自己欲望是不是得到满足又常导致我们对某个领导的喜好或者厌恶;另外自我评价高,往往也会产生轻蔑、怠慢、目中无人的错误态度。因此,抛弃偏见、尊重领导是非常重要的。

（2）谅解。

如果我们每个人都能够站在"以工作为重"的立场，设身处地，替上司分忧，为上司着想，势必可以减少许多不必要的误会和不愉快的冲突。

（3）帮助。

下级帮助上级，是生活中常有的事。在上司遇到困难的时候，具有高度责任感的下属是不能袖手旁观的。

应该说，我们采取"敬""谅""帮"的态度对待上司，绝大多数矛盾都会得到顺利的解决，我们应该知道，个人情感的满足绝不能靠冲动来获得，而是要靠理智。

为此，我们应该学会在矛盾激化时缓和矛盾的艺术：在愤怒时，你把什么看成对你个人最重要的呢？是自己的人生大目标呢，还是几元奖金，一级工资，一间住房？是你的理想、事业呢？还是先"出出气再说"？不要因为斤斤计较蝇头小利而忘记自己的远大理想和追求。

即使采取了正确的态度对待上司，彼此间仍难免会产生一些矛盾。当我们和上司产生矛盾，并且造成矛盾的主要责任在上司方面的时候，应该采取什么方式加以解决呢？

（1）要直言相陈。

进一步旗帜鲜明地向上司讲明自己的观点和态度。

（2）要"以德报怨"。

即使暂时受点委屈，也能以自己的宽宏大度，促使矛盾趋于缓和，以至逐步解决。

（3）可以吐诉衷肠。

有什么委屈，有什么烦恼，不要闷在肚子里，可以向其他领导成员或亲友、师长讲明情况，求得帮助。

（4）要好自为之。

只要自己做得正确，就坚持下去，不为声色所左右。特别重要的问题，还可以越级申诉，请求上级领导机关帮助解决。

来点感情投资

你有没有这样的经验：当你遇到一种困难，你认为某人可以帮助你解决，你本想马上去找他，但你后来一想，过去有许多时候，本来应该去看他的，结果你都没有去，现在有求于人就去找他，会不会太唐突了？甚至因为太唐突而遭到他的拒绝？

在这种情形下，你不免有些后悔"平时不烧香了"。

法国有一本名叫《小政治家必备》的书。书中教导那些有心在仕途上有所作为的人，必须起码搜集 20 个将来最有可能做总理的人的资料，并把它背得烂熟，然后有规律地按时去拜访这些人，和他们保持较好的关系，这样，当这些人中的任何一个人当起总理来，自然就容易记起你来，大有可能请你担任一个部长的职位了。

这种手法看起来不太高明，但是非常合乎现实的，一本政治家的回忆录提到：一个被委任组阁的人受命伊始，心情很是焦虑。因为一个政府的内阁起码有七八名阁员（部长级），如何去物色这么多的人去适合自己？这的确是一件难事，因为被选的人除了有适当的才能、经验之外，最要紧的一点，就是"和自己有些交情"。

要和别人有交情才好结成各种关系，不然的话，任你有登天的本事，别人也不知道。

现代人生活忙忙碌碌，没有时间进行过多的应酬，日子一长，许多原本牢靠的关系就会变得松懈，朋友之间逐渐淡漠。这是很可惜的。万望大家珍惜人与人之间的宝贵缘分，即使再忙，也别忘了沟通感情。

"问世间情为何物，直教生死相许"，作为一个普通人都难逃脱一个"情"字。尽管当今社会流行一句话："认钱不认人"，但是"人情生意"从未间断过。人们既然能够为情而死，那么为情而做生意又有什么不可以呢？思想也是人之常情。

所以，营造关系网也需要"感情投资"。

让我们以做生意为例，所谓"感情投资"，说简单点，就是在生意之外多了一层相知和沟通，能够在人情世故上多一份关心，多一份相助。即使遇到不顺当的情况，也能够相互体谅，"生意不在人情在"。

很多人都有忽视"感情投资"的毛病，一旦关系好了，就不再觉得自己有责任去保护它了，特别是在一些细节问题上，例如该通报的信息不通报，该解释的情况不解释，总认为"反正我们关系好，解释不解释无所谓"，结果日积月累，形成难以化解的矛盾。

而更糟糕的是人们关系亲密之后，总是对另一方要求越来越高，总以为别人对自己好是应该的，但是稍有不周或照顾不到，就有怨言。长此以往，很容易形成恶性循环，最后损害双方的关系。

可见"感情投资"应该是经常性的，也不可似有似无，从生意场到日常交往都应该处处留心，善待每一个关系伙伴，从小处细处着眼，时时落在实处。

小事落个大人情

孟尝君的门客冯谖开始不被重用，牢骚满腹，后来得到孟尝君的礼遇。一次孟尝君派人去他的封地薛邑讨债，冯谖自荐，便问：不知用讨回来的钱做什么？需要买什么东西？孟尝君说：就买点我们家没有的东西吧！冯谖领命而去，结果把债券烧了，一文不取。贫困的薛邑老百姓没有料到孟尝君如此仁德，个个感激涕零。冯谖回来后，孟尝君问：讨的利钱呢？冯谖答说：不仅利钱没讨回，借债的债券也烧了。孟尝君很不高兴。冯谖说：你不是吩咐说要我买家中没有的东西回来吗？我已经给您买回来了，这就是"义"。焚毁了债券，对您没什么影响，买来了仁义，对您收归民心可是大有好处啊！数年后，孟尝君被人诬陷，相位丢了，回到封地薛邑。老百姓听说孟尝君回来了，全城出动，夹道欢迎，表示愿意拥戴他。孟尝君非常感动，理解了冯谖"买义"的苦心。

要卖乖总不能永远一毛不拔，能够低成本买得人心，也不失为投机取巧的好方法。

某企业董事长的家里，每到年底时，都会收到堆积如山的赠品。由于太多，所以听说这位董事长只留下合意的礼物，其余的都退回百货公司。

然而，有一年岁末，这位董事长却意想不到地收到了令他满意的礼物！那是在美国流行的"高丽菜田娃娃"，不知是怎样寄来的，总之是送给董事长的小女儿的。赠品也很别致，而把这别致的礼物不送给董事长而送给他的女儿，的确令人深感其诚意。

有人出席某电器厂商主办的演讲会。演讲后，对送到车站来的主办单位的人员无意中提起"我母亲目前住院……"第二天，也不知演讲会的主办经理怎样打听到的，竟然到此人的母亲入住的医院来探病。此人在震惊于主办者意想不到的好意的同时，感激之情不可言表。

从这两段故事中可以发现，有人对有直接利害关系的一方送礼，对方往往会视为理所当然而接受，甚至有时会觉得是否有何居心，而产生警戒心。但是，不对其本人而对他的家人表示深切关注，对方就会想到："看，人家甚至用心到了这样的地步！"较之自己的被厚待更加深深感动。就好像"射将先射马"一样，比本人更加厚待其周围的人的做法，使没想到那么远的对方，同时深深感到自己的费心，也是一种具有效果的手段。

某公司招待客户时，总是连太太一起招待。单单只招待客户的话，只不过是利益交换，类似商场上的关系，但由于太太们的加入，便变成了非正式的关系。更进一步说，是从理论的境地进入了友情的境地。而且很少有机会参加宴会的太太们，对于公司的周到也会十分感激，太太的这种情绪，应该也会传达给先生。于是会不自觉地对招待公司"感恩"。

另外，慈善捐助、义卖救灾等一些热心公益事业的活动，便是一种看似倒贴、实质更赚的卖乖，是在做"软"广告。当然我们欢迎这种面向社会大众的卖乖。

在这方面，赛菲尔现象值得注意：南京大学学术报告中心，2002年8月中旬推出了一个"赛菲尔演讲周"的活动，演讲者有南京经济电台"今夜不设防"主持人甘霖、影视专家孟健等名士，他们纵横捭阖，跟踪时代的课题，一时间引起社会各界的极大关注，一周内涌向南京大学的市民及学生不下20000人次。若你想知道"赛菲尔"是何许人也？那你就成了它的广告对象，原来它是一家洗涤用品公司，经理代表"赛菲尔"主持讲座，一群身披绶带的赛菲尔小姐不断散发宣传资料，喷洒公司产品之一空气清洁剂，并在门外大厅免费试用，优惠销售该公司的化妆品。借助新闻界的热情传播，赛菲尔一举成名，在社会上刮起一阵不大不小的旋风。而整个活动，主办者仅出资四五千元，这费用还不够在电视台黄金时段播一次简短广告。"赛菲尔现象"传导出的启迪是，以卓越深远的眼光资助非营利甚至倒贴的社会公益事业"无私地"奉献于人，知讯者将不会忘记它进而将适时拥有它。

借"软广告"方式，还能成功地把广告打入一些广告禁地。众所周知，天安门广场和天安门城楼是严拒任何形式广告的"圣地"，而作为中华民族象征的天安门，新中国成立以来牵动了多少华人的心，怎不令各路诸侯垂涎欲滴、怦然心动？幸运总垂落到那些善于把握机会的人手中。天安门城楼一年一度的粉刷，看似与人无关，却引起一位智者的关注。在国庆 44 周年前夕，天津华旗集团公司的总经理专程上京，将一张 50 万元的支票交给天安门广场管理委员会。捐赠仪式请来了中央、北京市和天津市的有关部门负责人，活动被命名为"我爱北京天安门"，新华社向全国播发电讯，当用这笔款项把天安门城楼装饰一新，并在城楼上装饰一座贵宾休息室后，来自全国乃至世界各地的参观者，看见五星红旗这"中华的旗帜"在空中招展的时候，华旗就无疑地在人们心中为自己矗立起一座无形的丰碑。

最后再介绍一个让利促销大得人心的卖乖实例。

1994 年 11 月 14 日，杭州市南元百货大楼开始试营业。开业伊始，同时推出的三项举措，有新意，有声势。他们的创新，一是在让利促销方面，没有沿用人们习以为常的让利几折的做法，而是每天出售一种不赚一点利的商品，这让人感到既新奇又实在。二是在监督方面，设立南元联谊服务台，为顾客计量复核，主持公道，远比挂在墙上的顾客意见簿更为可信。三是服务，他们在礼貌待客、送货上门等方面，大大拓宽了服务范围，每天晚上 6：30—7：30 派出"免费特快班车"，东西南北四个方向接送顾客，足见服务到家。三项举措，每一项单独推出，都会引起公众一定的反响。三项举措同时推出，这便形成了强大的宣传声势，让顾客在购物、价格、安全、服务等方面，全方位地感受当"上帝"的滋味，这必然会在公众心中形成强大的冲击波和诱惑力，以致人人心动手痒，急于到南元百货大楼走一回。

企业开业，亟待提高知名度、美誉度。企业开业面对社会公众也和人际交往中初次接触一样，容易形成第一印象。这第一印象在人的大脑里先入为主，又往往成为人们认识对方的起点，并在一定程度上影响和制约着此后的交往。所以，企业在开业、试营业中的公关活动就显得十分重要，企业应慎之又慎，拿出自己的卖乖高招。

适当地投其所好

美国钢铁公司总经理卡里，有一次请来美国著名的房地产经纪人约瑟夫·戴尔，对他说："老约瑟夫，我们钢铁公司的房子是租别人的，我想还是自己有座房子才行。"此时，从卡里的办公室窗户望出去，只见江中船来船往，码头密集，这是多么繁华热闹的景致呀！卡里接着又说："我想买的房子，也必须能看到这样的景色，或是能够眺望港湾的，请你去替我物色一所相当的吧。"

约瑟夫·戴尔费了好几个星期的时间来琢磨这所相当的房子。他又是画图纸，又是造预算，但事实上这些东西竟一点儿也派不上用场。不料有一次，他仅凭着两句话和5分钟的沉默，就卖了一座房子给卡里。

自然，在许多"相当的"房子中间，第一所便是卡里及其钢铁公司隔邻的那幢楼房，因为卡里所喜爱的景色，除了这所房子以外，再没有别的地方能更好地眺望江景了。卡里似乎很想买其隔邻那座更时尚的房子，并且据他说，有些同事也竭力想买那座房子。

当卡里第二次请约瑟夫去商讨买房之事时，他却劝他买下钢铁公司本来住着的那幢旧楼房，同时还指出，隔邻那座房子中所能眺望到的景色，不久便要被一所计划中的新建筑所遮蔽了，而这所旧房子还可以保全多年对江面景色的眺望。

卡里立刻对此建议表示反对，并竭力加以辩解，表示他对这所旧房子绝对无意。但约瑟夫·戴尔并不申辩，他只是认真地倾听着，脑子中飞快地在思考着，究竟卡里的意思是想要怎样呢？卡里始终坚决地反对买那所旧房子，这正如一个律师在论证自己的辩护，然而他对那所房子的木料、建筑结构所下的批评，以及他反对的理由，都是些琐碎的地方，显然可以看出，这并不是出于卡里的意见，而是出自那些主张买隔邻那幢新房子的职员的意见。约瑟夫听着听着，心里也明白了八九分，知道卡里说的并不是其真心话，他心里实在想买的，却是他嘴里竭力反对的他们已经占据着的那所旧房子。

由于约瑟夫一言不发地静静坐在那里听，没有反驳他对买这所房子的反对意见，过了一会儿，卡里也就停下来不讲了。于是，他们俩都沉寂地坐着，向窗外望去，看着卡里所非常喜欢的景色。

约瑟夫讲述他运用的策略："这时候，我连眼皮都不眨一下，非常镇静地说：'先生，您初来纽约的时候，你的办公室在哪里？'他沉默了一会儿才说：'什么意思？就在这所房子里。'我等了一会儿，又问，'钢铁公司在哪里成立的？'他又沉默了一会儿才答道：'也在这里，就在我们此刻所坐的办公室里诞生的。'他说得很慢，我也不再说什么。就这样过了5分钟，简直像过了15分钟的样子。我们都默默地坐着，大家眺望着窗外。终于，他以半带兴奋的腔调对我说：'我的职员们差不多都主张搬出这座房子，然而这是我们的发祥地啊。我们差不多可以说就是在这里诞生的，成长的；这里实在是我们应该永远长驻下去的地方呀！'于是，在半小时之内，这件事就完全办妥了。"

并没有利用欺骗或华而不实的推销术，也没有炫耀的精美的图表，这位经纪人居然就这样完成了他的工作。

原来约瑟夫·戴尔经过集中全部精神考察卡里心中的想法，并根据考察的结果，很巧妙地刺激了卡里的隐衷，使其内心的想法完全透露出来。他就像一个燃火引柴的人，以微小的星火，触发熊熊的烈焰。

约瑟夫·戴尔的成功，完全是因为他从两次与卡里的交谈中，琢磨出他心中的真正想法。他感觉到在卡里心中，潜伏着一种他自己并不十分清晰的、尚未觉察的情绪：一种矛盾的心理。那就是，卡里一方面受其职员的影响，想搬出这座老房子；而另一方面，他又非常依恋这所房子，仍旧想在这儿住下去。

卡里想在这所旧房子里住下去的理由，虽然他自己并不很清楚，但在局外人看来，却看得出，这座有着他所熟悉喜爱的景色的老房子，已经成为他生活的一部分，它能使他回忆起早年的创业和成功，因而充满"自尊心"，这就是在他潜意识中对这所老房子依恋的所在。

卡里想搬出这所房子的理由，也同样是很明显的，至少可以说，在我们看来是很明白的：他感觉到他不能将他的本心告诉给他的职员，使之成为部下的笑谈，因此，他实在是害怕他的职员们的反对。

约瑟夫·戴尔之所以能做成这桩生意，就在于他能研究出卡里的意思，并使他能用一个新的方法，来解决这个矛盾。

总之，要使别人与我们在任何事情上合作，第一，必须使他们自己情愿。而我们要达到让他们情愿这个目的，就只好去迎合他的兴趣，投其所好，唯有这样，我们才有从任何方式去影响、打动他的希望，使进行中的事情达到我们的期望。

篇二
抓时机：
在要紧时刻让自己立即起跳

你不找时机，时机不会主动给你献殷勤，你不追时机，时机就会以百米的速度四处乱奔。聪明人在做事之前，总是善于抓时机——一旦瞄准，就立刻擒住。这样就可以让自己的人生迅速起跳，从而踏入一个成功的人生平台。

第三章
控人之智：洞察古代成功者取势之道

把周围潜存的一股"势"紧紧地掌握在手心，你就会觉得增添了一双助你发力的巨手。

抓住机会就不松手

对每个人来说，机会是公平的，但不是每个人都能抓住的。大智者都不会放过瞬间即逝的机会。

作为大智者的魏征审时度势，在李密叛唐失败之后，主动劝说瓦岗军旧部归唐，让他们为唐朝出力，随之使得他成为太子建成身边的得力干将，为太子出谋划策网罗人才。

魏征其人，字玄成，生于北周静帝大象二年（580）。他的家原在巨鹿下曲阳（今河北晋州市西），后来迁到相州内黄（今河南内黄县）居住。

魏征的家庭，也算书香门第，他的父亲魏长贤，博学多才，为人正直，在北齐朝曾任过县令。当时北齐朝政治腐败，魏长贤几次上奏指陈时弊，但都不见纳用。于是，他愤然告病辞官。由于父亲去世很早，魏征从少年起，就过着清贫的生活。但他从小勤奋读书，养成了胸怀大志的秉性，期望着有朝一日能干一番有益国家和天下百姓的事业。

直到30岁以后，魏征仍然过着贫困落魄的平民生活。他不愿去做经营资财田地的事情，而是博览群书，熟读经史，钻研历代王朝的治乱兴衰事迹。唐史中称魏征"好读书，通贯书术"。隋末乱世，社会动荡不安，正是英雄豪杰用武之时。为了寻找施展才能的机遇，魏征告别家人，装扮成道士，出外云游。及至元宝藏起兵，请他典掌文书事务，魏征就此正式投身到了反抗隋炀帝暴政的时代洪流之中。等到他应李密征召，来到瓦岗军中，担任元帅府参军掌记室，主管文书的这一年，已是38岁的人了。然而，出身大贵族的李密，只是喜欢魏征的文章才华，并未将他看作可以共商大计的心腹。魏征曾向李密提出十项策略建议，但都未被采纳。

武德元年（618）十月，李密兵败降唐，受封为邢国公。寄人篱下，今非昔比。然而李密仍妄自尊大，不识时务，对李渊的先隆礼相待而后冷落不用，心生耻愤。于是，他请求李渊让他去洛阳一带招抚旧部。离开长安之后，李密打出叛唐旗帜，想东山再起，反而落得个兵败被杀的下场。

再说魏征来到长安后，因职位低微，一时不为李渊所知。此时，李渊父子虽已建国立朝，但天下仍是群雄割据的逐鹿局势。魏征审时度势，认为这正是自己建立功名，求取仕进的好机会。十一月，他自请前往山东地区（包括今河北、河南及山东），招降瓦岗军旧部归唐。李渊任命魏征为秘书丞（掌管国家图书之职），乘驿车东下。

魏征奉命后直奔黎阳，先给据守此城的徐世责力写信指陈形势利害："当初魏公（李密）举旗反隋，振臂一呼便拥众几十万，声威所及，半于天下。一败不振，终降唐朝，由此可知天命之所归也。现在你身处兵家必争之地，不早做自图，就可能错失机会，前途有危了。"徐世责力看过信之后，前思后想，决计归唐。他一面将所辖地区的郡县户口、士马人数造册登记，派人送往长安，一面运送粮草接济唐将淮安王李神通。此时，李神通因被河北义军窦建德所败，自相州退至黎阳，遂与徐世责力合兵守城，保存实力。

魏征劝说徐世责力归唐后，又前往魏州（即武阳郡）劝说自己的老上司元宝藏归降。魏征在山东地区的招抚活动，以得到徐世责力所占据的李密旧地十郡和二十万众为最大成绩，这对李唐平定中原地区起着奠基的作用。黄河中下游地区，先前有洛阳王世充、李密瓦岗军、河北窦建德，以及北上的宇文化及四股武装力量。宇文化及与李密两败俱伤之后，李唐在中原地区的强劲敌手，就只剩下两个了。

武德二年（619）二月，窦建德在山东聊城擒杀了自称皇帝的宇文化及。十月，又举兵南下攻克黎阳，李神通、徐世责力父子及魏征等人，全都当了俘虏。窦建德早在大业十三年（617）时就已自称长乐王，第二年又称帝建立夏国。他早就闻听了魏征的名气，便任命魏征担任起居舍人（记录皇帝言行的官职）。

武德四年（621）五月，窦建德被统率大军东征的秦王李世民击败活捉，押至长安斩首。盘踞洛阳的王世充，在孤城难守的穷途末路，只好开城投降。山东地区宣告平定。

窦建德失败后,魏征与隋朝旧官裴矩一同回到关中。皇太子李建成听说魏征有才干,召他担任太子洗马职务,主管东宫的经籍图书。魏征在一年多的时间里,先后在元宝藏、李密、窦建德军中谋职,辗转奔波,并不得志。现在,皇太子对他有所器重,心中不禁感激生情,积极地为其出谋划策。

这时,刚刚建立的李唐新朝内部,争权夺利的矛盾已尖锐化。秦王李世民从太原起兵到平定割据的战争中,屡建功勋,秦王府中集合了一大批文武人才,这就使得排行老二的李世民,想凭借功绩和实力,取代老大李建成的太子地位。但是,太子和老四齐王李元吉,也都不是平庸之辈,不会坐而待变,他们对秦王功高志盛的逼人气势,采取了公开的反击行动。

作为太子属官的魏征,也在为太子的地位担忧。武德五年(622)六月,窦建德的部将刘黑闼借突厥兵又在河北称乱反唐。魏征认为这是一个极好的机会,他向太子献计道:"秦王功盖朝野,威望甚高。而殿下只是以年长居于东宫太子之位,没有像秦王那样的功劳镇服天下人心。现在刘黑闼纠集窦建德旧部,不过是一群散兵败将,人马不足一万,又缺乏粮草,如果用大兵征讨,一定能获成功。殿下应当向皇上请命,亲自前往平定河北,既可以建立军功赢得众望,又可以结纳山东豪杰人士,从而使殿下的储君地位得以稳固。"同时向太子提出相同建议的,还有太子中允王珪。

皇太子采纳了魏征和王珪的建议,征得父皇同意后,于十一月挂帅出征。魏征随太子前往河北,并提出攻心策略,宣称除刘黑闼外,其他反叛者只要缴械，一律不加追究，将俘获的反叛兵将，宽大释放回家务农。这个收买笼络的方法立见成效，刘黑闼很快被唐军打垮，受俘斩首。这次出征，不到两月时间，既显示了太子的才能，又使河北地区成为太子的势力范围。

此后的两三年中，东宫和齐王府的力量迅速增强。一母所生的三个亲兄弟，采用了各种明争暗斗的手法，已经到了水火难容的地步。武德九年（626）五月，突厥大兵入侵，太子向父皇建议，由齐王元吉统兵出征，并点调秦王府的勇将尉迟敬德、秦叔宝、程知节和段志玄等人随军出征。秦王陷入孤立无助的危急关头。

六月四日，秦王李世民冒险做孤注一掷，在太极宫北门（玄武门）发动兵变，射杀前来上朝的太子和齐王。这就是史书上所称的"玄武门之变"。三天之后，李渊面对既成事实，立李世民为皇太子，总理朝政。八月八日，李渊下诏传位，29岁的李世民登基称帝。次年正月，改年号为"贞观"，开始了被后世盛称的政治清明的唐太宗"贞观之治"。

李世民执掌朝政后，立即传召魏征。作为李建成的亲信下属，众人都替魏征的性命前途捏一把汗。但魏征却并不惊慌，坦然前往。李世民一见魏征，劈头责问："你为什么要离间我们兄弟？"魏征面不改色，从容答道："如果先太子早听从我的建议，就不会有如今的下场。臣下各为其主尽忠，我为先太子出谋献策，这有什么过错呢？春秋时管仲辅佐齐桓公创立霸业，但他在做齐桓公哥哥公子纠的师傅时，还曾用箭射中公子小白（即齐桓公）的带钩。"李世民听后，无言反驳。他也早就听说过魏征多才善辩，现在又听他引用管仲相桓公的典故，言语坦率，态度不卑不亢，不禁对他的耿直产生赏识和器重，满腹的嫌怨也消去了大半。随后，李世民任命魏征为詹事主簿（掌管文书之职）。登基称帝后，李世民又提升魏征任谏议大夫，这是专门负责向皇帝提意见的官职。

顺时而行，不停地移动步伐

顺时而行是精明人所为，即根据局势来移动自己行动的步伐。这一点有许多人都想搞明白，但都不得要领，在这一点上杨坚可谓极为擅长，常有出人意料之举。周宣帝宇文死后，宇文阐正式登基，入居天台。正阳宫遂更名为丞相府，成了杨坚的办公地点，大政皆由此出。丞相府一时成为满朝文武关注的中心。在这种情况下，杨坚拿出了明暗两手顺时而行，收效奇灵。

杨坚首先任命郑译为丞相府长史，刘为司马，李德林为府属，高为相府司录，司武上士卢贲负责保卫工作。

杨坚以刘有定策之功，拜上大将军，封黄国公；郑译兼领天官都府司空，总六府事，封沛国公。杨坚对二人赏赐巨万，出入以甲士相从。出入杨坚卧内，言无不从。朝野倾属，称为黄、沛。时人语之曰："刘牵前，郑译推后。"

李德林，字公辅，博陵安平（今河北安平）人。北齐任城王高谐任定州刺史时，重其才而召入州馆，朝夕同游。之后便在北齐朝中为官。周武灭北齐，把李德林迎入长安，授内史上士，迁御正下大夫。杨坚辅政后,派族侄、邗国公杨惠入主丞相府,李德林非常高兴,表示"以死奉公(指杨坚)",于是杨坚任命李德林为丞相府属。

高,字昭玄,渤海(今河北景县)人。其父背齐归周,杨坚岳父独孤信引为僚佐,赐姓独孤氏。17岁时被北周齐王宇文宪引为记室,入仕途。周武帝即位后,历任内史上士、下大夫,以平齐功拜开府。杨坚辅政后,组建丞相府,便引他入府,任司录。高坚决表示:"愿受驱驰,纵令公事不成,亦不辞灭族。"高和李德林都成了杨坚的心腹。

杨坚结识范阳(今河北涞水)人卢贲是在平齐战争中,杨坚位至大司马,卢贲被任命为司武上士,掌禁卫军。

局势稍稳,杨坚便不容宇文赞。

宇文赞是宇文的弟弟。年少无知,庸庸碌碌,贪财好色。虽在周宣帝死后委以右丞相,也不过是一个"外示尊崇,实无综理"的虚职,仍住皇宫院内,常和小娃娃宇文阐同坐御帐之中。杨坚先施一计,让宇文赞体面地搬出了皇宫。

当年七月,宣帝加授杨坚都督内外诸军事。九月底,取消了左、右丞相官职,由杨坚出任大丞相。右丞相宇文赞栽了一个大跟头。

起初密谋夺权时,郑译、刘私自商议,由杨坚任大冢宰,郑译任大司马,刘任小冢宰。杨坚与李德林谋,李德林说:"即宜作大丞相,假黄钺,都督内外诸军事。不尔,无以压众心。"于是杨坚另建丞相府,由李德林、高来牵制郑译和刘。刘、郑因此忌恨李德林,对杨坚不满,丞相府内部出现了小小的裂痕。

刘自恃有功,颇有骄色。他性粗疏,逸游纵酒,不以职司为意,丞相府事务,多所遗漏,杨坚甚为不满,于是以高代替他为丞相府司马。

是后日渐疏忌。郑译性轻险，不亲职务，而赃货狼藉，也被杨坚疏忌。这时，李德林晋授丞相府从事内郎。此后，丞相府的政事主要由李德林、高处理。

矫诏入总朝政的杨坚，急需巩固政权，因而采取了诸多除旧布新的应急措施。

杨坚在正式发布周宣帝死讯的当天，便下令停止洛阳的土木工程。几天后，删改旧律，施行《刑书要制》。又罢入市之征。"躬履节俭，中外悦之"。

六月初六，在杨坚发布周宣帝死讯半个月后，下令撤销对佛、道二教的禁令。对在周武帝禁断佛、道二教期间，仍信佛信道者，分别送入寺院、道观，妥善安顿。杨坚是个有政治野心的人，他的复佛、道之举除了个人感情外，更重要的是他利用这件事来达到其政治目的，即抚慰那些因遭周武帝粗暴打击的僧道势力，笼络人心。

隋王朝建立后，杨坚也颇为自得地讲述这样一段话："朕于佛教，敬信情重。往者周武之时，毁坏佛法，发言立愿，必许护持。乃受命于天，仍即兴复，仰凭神力，法轮常转。十方众生，俱获利益。"

年底下令，凡是改鲜卑姓的，一律恢复原姓。

为了防止边患，杨坚派司卫上士长孙晟等护送千金公主宇文氏前往突厥汗国和亲。再派建威侯贺若谊，前往突厥，贿赂阿史那佗钵可汗，让他交出北齐流亡皇帝高绍义。

贺若谊，字道机，父亲是东魏降将，因此举家迁居河南洛阳。兄贺若敦，与杨坚的父亲杨忠参加过平齐战争。后触怒宇文护，逼令自杀，其子贺若弼后来成为杨坚的重臣。贺若谊能言善辩，口舌如簧。早在宇文泰初据关中时,派他通使柔然,第一次就诱降万余人;第二次又带厚礼贿赂柔然酋长,柔然便弃齐连周,还将派到柔然的齐使交给贺若谊发落。

此次游说突厥,贺若谊的口才再得施展。在贺若谊授意之下,阿史那佗钵可汗陪同高绍义到汗国南境狩猎,贺若谊突然杀出,劫走高绍义,押抵长安,随后贬居巴蜀,不久死去。至此,北齐高氏皇族根断巴蜀。

另一方面,杨坚加紧结纳朝中和地方百官,进一步扩大自己的政治势力。如大将军元谐、上柱国郭衍、少内史崔仲方、少司宪裴政、少师右上士李安、益州总管梁睿、代理陵州刺史薛道衡等。郭衍密劝杨坚"杀周室诸王,早行禅代"。崔仲方与杨坚相见后,"握手极欢",当夜崔仲方上便宜18事,杨坚并嘉纳,崔仲方力劝杨坚早日代周自立,梁睿也上表劝进,皆使杨坚喜形于色。在这一系列过程中,都可见杨坚明暗两手的管人手段。

果敢决断定天下

抓住机遇是成功的资本。成大事者总是在机遇面前反应过人,因为他们绝不愿意浪费任何一次机遇。作为一名心中有霸业者,果敢决断,在一定程度上,就是争得了机遇,争得了一切。

朱元璋在应天建立战略根据地后,提出基本国策为:"高筑墙,广积粮，缓称王。"此一决策对明朝初年的巩固与发展起了重大作用。

"高筑墙，广积粮，缓称王。"这一重大战略决策，是老儒朱升为朱元璋谋划的。朱升提出的战略，集政治、军事于一体，用非常精辟的语言，准确、全面、深刻地指明了朱元璋在相当长一段时期内的战略方向。朱元璋闻言大喜，全盘采纳了这个战略。

（1）高筑墙：首先是指要有一个强大和巩固的战略根据地。战争是人力、物力的较量，人力、物力的来源离不开牢固的后方补给。因此，能否建立一个强大巩固的战略根据地，就关系到朱元璋的部队能否在元军和群雄割据势力的包围中站稳脚跟，求得发展，至少是立于不败之地的根本所在。朱元璋选择应天及周围地区作为战略根据地来"高筑墙"是比较得当的。一是应天与淮右连成一气，唇齿相依，朱元璋及其主要将领和谋士多是淮右人，下级军官与士卒也大多来自这一地区。立应天，淮右为本，大部分将帅、士卒为保卫家乡而战，无疑可以激发参战的热情，对稳定军心十分有利。二是应天临江依山，周围多丘陵，地形十分险要，是东南地区的军事重镇，历来为兵家必争之地。据应天，可瞰制江淮和浙北。三是应天及其周围地区经济发达，物产丰富，支持战争的潜力巨大。朱元璋对建设战略根据地给予了极大的关注，在采纳朱升的战略以后一年多的时间里，他在自己的势力范围边缘地带所采取的军事行动，都是从稳定、巩固应天的需要出发的。尔后，对应天本身的城防也进行了大力加固。后来，朱元璋就是在应天以固若金汤的城防，抵挡住了比自己强大得多的陈友谅的 10 万舟师。在统一战争的全过程中，以应天为中心的根据地一直没有受到严重的外来威胁，又为战争提供了极大的支持。这都说明朱元璋在建设强大的、巩固的根据地方面是非常成功的。

高筑墙，也是指必须建立一支强大的武装力量。这支武装力量不是仅仅用来防卫的，而主要的是用来主动进攻的。其一，建设一个稳定、巩固的战略根据地，其本身就包括了必须有一支强大的武装力量。否则，在群雄割据势力的包围之下，任何根据地也是不可能存在的。因此，战略根据地的稳定和巩固，首要的、关键的条件就是必须有一支强大的武装力量，才能保障政治、经济和其他建设顺利地进行。其二，朱元璋及其将领谋士们并不是鼠目寸光，安于现状，满足既得利益而无远大抱负的领导集团。朱升的战略之所以很快被朱元璋采纳，是因为朱元璋早就有欲图大计、平定天下的远大抱负。那么，建立一支强大的武装力量的根本目的，就不仅仅是为了满足保卫根据地，更主要的还是为了满足战略进攻的需要。

（2）广积粮：朱元璋占据的江淮地区盛产粮食，按理说粮食不应该成为一个问题，为什么还要广积粮呢？元末的江淮自然灾害十分严重，而且次数较多，持续的年头又长，使这个粮仓变成了缺米之仓。许多劳动群众连自己都吃不上饭，哪里还能拿出粮食来支持起义军呢？面对这种状况，朱元璋制定了"且耕且战"制度。他任命元军降将康茂才为都水营田使，由其负责兴修水利，要求做到高地不怕旱，洼地不怕涝。接着下令各部队都要在驻地开垦荒地，种植粮食，并且立下章程，规定以产量的多少来决定赏罚。要求各部队的生产除了供给自身的需要外，还要做到有存粮。经过几年的努力，终于使朱元璋彻底改变了缺乏粮草的局面。他的部队丰衣足食，对战斗力的提高起到了关键性的作用。"且耕且战"实际上就是屯田制度，并非朱元璋独创，而是由来已久。但是这一制度被朱元璋运用得如此彻底，如此全面，如此持久，解决了如此庞大的军队的粮食所需，支持了如此持久的统一战争，可以说在朱元璋以前的历史上是绝无仅有的。

（3）缓称王：其根本目的就是为了最大限度地减少己方独立反元的政治色彩，最大限度地降低元王朝对己方的关注程度，避免或大大减少过早与元军主力以及强劲诸侯军队决战的可能性，从而有利于保存自己，积蓄实力，求得稳步发展。为此，朱元璋在形式上一直对小明王保持臣属关系，使用的是宋政权的龙凤年号，打的是红巾军的红色战旗，连斗争口号也不改变。朱元璋担任的职务，从江南行省平章到后来的吴国公，都是小明王敕封的。直到消灭陈友谅，北方红巾军也失败以后，他才称吴王，但发布文告，第一句话还写"皇帝圣旨，吴王令旨"，表示自己仍是小明王的臣属，免得引人注目，遭受打击。元王朝苦于力量不足，只能对目标大、影响广的自立政权首先实施重点打击，光这类政权就有三四个，根本顾不上对付朱元璋这类附属于某一政权的势力。朱元璋正是抓住了这种有利的客观形势，加紧扩展地盘，壮大力量，成为统一战争的主宰者。缓称王不是不称王，关键在于选择有利时机。元至正二十四年（1364）的军事形势对朱元璋集团十分有利：北面的宋政权已经名存实亡，即使反目，也已不足为虑。元军主力在与宋军的决战中大伤元气，又陷入内战之中，无力南进。反元阵营中势力最为强大的大汉政权已经被朱元璋消灭。东面的张士诚已属惊弓之鸟，处于明显的劣势。四川的明玉珍安于现状，没有远图，构不成大的威胁。依据这种客观形势，朱元璋凭借广阔的版图、强大的军队，公开表明自己的政治意图而自立为王是非常适宜的。

"高筑墙，广积粮，缓称王"，是一个非常英明正确的宏观决策，它引导朱元璋集团从胜利走向胜利。至正二十八年（1368）正月，就在徐达统领北伐大军攻克山东的凯歌声中，朱元璋在应天登上帝位，国号大明，建元洪武。

善于根据现状判断，抓住机遇，果敢决策，是万事成败的关键。这一点至关重要！

不变可以挡万变

天下最厉害的一招是"不变之变"。大家知道，以不变应万变，是一种做人办事之道，这样做的好处是你只要静观其变，就能知对方之心思，可以临事不乱，沉着应对，处置得宜，以防不测。凡是成大事者，均有以不变挡万变的功夫。

金朝末年，蒙古军时犯金境，不断取得胜利。金军阵地连连失守，战线节节败退。金宣宗只得向蒙古求和，但是蒙古兵的进攻并没有停止，与此同时，金宣宗遣军进攻宋国，结果也以失败而告终。金朝两面受敌，形势不利。

可是，偏在此时宣宗病重，卧床不起，朝内大事，乱作一团。人心不安，政局不稳，特别是他的长子完颜守纯，一直内心怀怨。按理，他是长子，应该立为皇太子，他应该继承皇位。可是实际上，宣宗却于

1216年，立第三子完颜守绪为皇太子。当时，完颜守绪18岁。为这件事，长子完颜守纯和三子完颜守绪之间不和，守纯的母亲贵妃庞氏和前朝资明夫人郑氏之间也不和。现在，宣宗病重，对守纯和庞夫人来说，正是兴兵举事，以乱取胜，夺取政权的好机会。他们憎恨皇上将皇位传给守绪，巴不得皇上快死。

宣宗病重期间，宫中人都很焦急，大家经常来探望。郑夫人年岁已高，但稳健沉着，整日侍护在宣宗室内，深得宣宗信赖。一日暮夜，来探望的大臣们都离去了，只有郑夫人留在室内，看护着宣宗。不一会儿，宣宗自知不妙，便对郑夫人说："速召太子，举后事！"郑夫人连连点头。宣宗说完便不省人事，很快就离开了人世。郑夫人很镇静，只流了几滴眼泪，并没有放声大哭，也没有大声呼唤他人。她有自己的考虑：宣宗既死不能复生，哭也没有用；守纯、守绪都是宣宗的儿子，过早地让他们知道宣宗逝世的信息，他们肯定为争夺皇位而发生政变，况且，守纯夺位之心，已有所知。宫中内乱将必不可免。国家正处在危急时刻，宫中再起内乱，那江山必丢无疑。所以，当务之急是要稳住宫中，稳定人心。其主要办法便是确保守绪的皇位，杜绝守纯的叛乱。

于是，郑夫人便装得若无其事，将宣宗去世的消息封锁起来。夜里，皇后及贵妃庞氏一起来寝阁问安。郑夫人冷静沉着，便灵机一动对庞氏说："皇上正在更衣，不便进去。后妃不如先在外室小憩等候。"庞氏信以为真，便走进了外间。郑氏夫人立即将外间门锁上。庞氏恍然大悟，知道上当，但悔之晚矣。郑夫人立即召集大臣，宣布皇上驾崩的消息，宣告皇帝遗诏，立皇太子守绪。大臣知道皇上去世，心情沉重，但知道诏立守绪皇太子，心情又觉舒坦，便纷纷告退。这时，郑夫人才用钥匙打开外间门，放出庞氏。庞氏气愤之至，但大局已定，她已无能为力了。

太子闻讯入宫时，守纯却已先到。守绪怕有他变，便先发制人，先下手把守纯看管起来，不让他随便行动。守纯本想等守绪进宫后行刺举事，没想到守绪却先行一步，使其计划全部破产。庞氏和守纯被抓，其他的人再也不敢乱动了。一场将要爆发的内乱，在郑夫人的机智应变之下，巧妙地平息了。完颜守绪正式成了金朝的最后一个皇帝，是年为公元1223年。他在位11年，指挥作战，打了不少胜仗，但1232年大败于蒙古军，1234年自缢身死，金朝就此灭亡了。谥号金哀宗。

所谓善处者，即遇非常之事要善于冷静处理，权衡利弊不能感情用事，招致被动。此处亦以妇人之例说明。

唐朝末年，黄巢起义军声势浩大，不久便入据长安，唐朝政权岌岌可危。沙陀部队李克用因一目失明，时人称为"独眼龙"。他与其父朱邪赤心（因他镇压起义有功，被赐姓李，名国昌）一起，参与镇压黄巢起义。公元884年，他引军渡河，大败黄巢军于中牟（今河南中牟），使起义军从此一蹶不振。后来便长期割据河东，与占据汴州（今河南开封市）的朱全忠（后梁的创立者）对峙，连年征战。死后，其子李存勖建后唐，尊他为太祖。李克用的夫人刘氏，是一位有智有谋的巾帼英雄，不是等闲之辈。可以说，李克用的成功，得力于他夫人刘氏的帮助。

李克用奉命带兵讨伐叛逆者，以救东路诸侯。正当李克用整装待发之时，朱全忠与杨彦洪共同谋变，倒戈攻击李克用。李克用措手不及，没与其硬战，便仓皇逃去，心里好不自在，气得发狂。朱全忠很狡诈，眼看李克用逃去，谋杀不成，便灵机一动，将杨彦洪射杀，掩人耳目，隐藏自己叛变的真面目。但李克用并没有改变看法，他边逃跑边咒骂朱全忠，发誓要亲手杀了朱全忠。

  李克用部下有人逃回，禀报李克用妻子刘氏夫人。刘夫人听了心里很是震惊，但她表面上却很镇静，神色不动，若无其事，并下令将那报告朱全忠叛变的人立即斩杀。她想，让更多的人知道此事，府内肯定乱作一团，说不定还会有人响应举兵叛变。那样，情况更糟，局面就没法收拾了。所以，自己不能惊慌，不能失去信心和自制，同时要封锁消息，要保持府中原有的安静，报信的人是信息源，当然应该将他们斩杀。不久，李克用怒发冲冠地回来了。刘夫人仍保持镇静。李克用发誓再集中兵力，讨伐朱全忠，以解心恨。可是，刘夫人却不同意，她说："你此次带兵伐叛是为国讨贼，以救东路诸侯之急，并不是为了你个人的怨仇。现在，汴州人朱全忠叛变要谋害你，你当然很气愤，我也十分生气。我也觉得他该伐该杀。可是，如果你真的带兵去攻伐他，你的任务就完成不了，而且也改变了事情的性质，变国家大事为个人怨仇小事。我认为，朱全忠叛变的事，你应该上诉朝廷。由朝廷兴兵讨伐他。岂不是更好？"李克用听了夫人这番话，茅塞顿开，怒火顿消，便听从了夫人的意见，不再结兵攻朱全忠了。但他还是给朱全忠写了封信，责备他谋反，大逆不道。可朱全忠却回信说："前夕之变，我并不知道，朝廷曾派使者来与杨彦洪共同谋事，必是他图谋不轨，发动兵变。现在，杨彦洪已经伏法，死有余辜，请你谅察。"把自己的责任推卸得一干二净。

  刘氏夫人对这件事的处理是很有分寸的，有理有节。以大局为重，果断应变，沉着不慌。倘若李克用不听刘氏夫人的话，或者刘氏夫人不贤惠，怂恿李克用发兵讨伐朱全忠，其结果如何，谁胜谁负、谁是谁非也就很难说了。

你在处理事情时，以不变之变，去面对它，不失为一种巧智。特别在某些万般复杂的情况下，须用此计静观其变，以求应对。

因人制宜，攻守不会乱

历代兵家，对因人制宜的研究最为到家。兵家所说，"怒而挠之"，"亲而离之"，"卑而骄之"就是一个证明："怒而挠之"，如果敌将性格暴躁，就故意挑逗、辱骂使之发怒，使之情绪受到扰乱不能理智地分析问题，盲目用兵，暴露破绽，进而相机歼灭；"亲而离之"，如果敌军上下亲密无间，情同手足，团结一心，那么，就要利用或制造矛盾，进行离间，使之离心离德，分崩离析，从组织上削弱敌人；"卑而骄之"，如果敌将力量强大，且骄傲轻敌，可以用恭维的言辞和丰厚的礼物示敌以弱，助长其骄傲情绪，等其弱点暴露以后，再出其不意地攻打他。

相传在宋朝时，有一年，北辽政权的八个侯王带领十万番兵进犯中原。辽兵在距边关十里处扎下营盘，随后派两名番兵到宋营下战书，这份战书只是一副对联的上联，说宋朝如有人对出下联，马上收兵，绝不食言。

宋营将士拆开战书，只见那上联写道："骑奇马，张长弓，琴瑟琵琶八大王，王均在上，单戈便战。"宋营将领相互传阅，无一能对。这时，地方上一位私塾先生听到了消息，星夜赶到宋营，写出了下联："伪为人，袭龙衣，魑魅魍魉四小鬼，鬼都在旁，合手即拿。"答书送走之后，宋营将领对番兵八大王作了初步分析，从战书上可以觉察到他们目空一切，傲气十足。看到答书之后，一定恼羞成怒，自食其言，不但不会退兵，还可能来偷营劫寨。于是，做了充分准备，设下埋伏，并分兵攻打番营。番兵取回战书，主将一看，果然暴跳如雷，连夜偷袭宋营。最后，偷袭不成遭暗算，自己的营盘又被偷袭，进退无路，不战自溃，八大王有的阵亡，有的被擒。这一故事，是因人制宜方略的成功范例。

元朝末年，各地农民起义军风起云涌。经过各地农民军，特别是北方红巾军的致命打击，元王朝气息奄奄，死日将近。这时，朱元璋已经羽翼丰满，并踌躇满志。但他的东西两面，各有一支劲旅，构成了巨大威胁。西面是张士诚，东面是陈友谅，陈友谅拥有江西、湖广之地，是当时疆土最广、军力最强的势力，他野心最大，早有吞并朱元璋之意。他还派人与张士诚联系，彼此联合，东西夹击朱元璋。朱元璋如何攻守呢？

关于攻守要诀，朱元璋的高参刘伯温在其《百战奇略》中，将它运用于战争，是指导战争的一条重要方针。刘伯温认为：

凡是作战中，所说的防守，是了解自己的结果。知道自己没有作战获胜的可能，那么我军就应该稳固防守，等待敌军出现破绽劣势的时候，再出击打败它，这样就没有不获胜的道理。兵法上说：知道作战不能获胜就应该全力防守。

西汉景帝时，吴楚等七个诸侯国反叛，景帝任命周亚夫为太尉，向东攻打吴楚七国叛军。周亚夫于是亲自上书景帝说："楚国兵马强悍，作战讲求轻灵快速，我军不可以与它正面交锋，希望利用梁国来牵制束缚楚军；然后断绝楚军运粮通道，最终就可以击败它。"景帝同意了这一作战计划。周亚夫率军出征，大兵在荥阳相会。这时吴军正在加紧攻打梁国，梁国局势万分紧急，派人向周亚夫求救。周亚夫率军向东北方推进，进驻到昌邑，然后便修筑坚固的防御工事，在此坚守不出。梁王派使者催促周亚夫尽快出战，周亚夫却依然如故，坚守不出，断然拒绝派兵救梁国。梁王上书给景帝说明了这一情况，景帝下诏命令周亚夫尽快派兵救梁国的危急，但是周亚夫对皇命置若罔闻，仍旧按兵不动。周亚夫坚守不出的同时，却偷偷派出高侯等将率轻骑兵出其不意地奔袭到吴楚军的背后，断绝吴楚军运粮的通道。吴楚兵没有了军粮，饥肠辘辘，便想退军，多次前来挑战，汉军却始终不出战。一天夜里，周亚夫军营中突然发生大乱，汉军不明真相，自相残杀起来，混战之中吴军打到周亚夫的大帐附近，但是周亚夫却镇定自若，躺在大帐中纹丝不动。没过多久，汉军明白真相，惊乱自然也就平息了。吴兵猛攻汉军东南角阵地，周亚夫却派兵加紧防卫西北方阵地。没多久吴兵果然猛攻汉军西北面阵地。由于汉军早有防备，吴军没有得逞。吴楚军士兵食不果腹，惊慌四起，不得不撤出战斗开始溃逃。于是周亚夫率精锐之师奋力追击，大败吴楚联军。吴王刘濞丢下大军不管，只带几千名士兵仓皇逃命，跑到江南丹徒固守下来，妄图负隅顽抗。汉军乘胜追击溃败之敌，全部俘虏了叛军，同时收复了所有叛国的郡县。周亚夫又下令声称"谁能抓住吴王刘濞，赏赐千金"。一个多月后，南方越人抓住刘濞并斩首，拿着刘濞的头来见汉军。周亚夫此次出兵，从守到攻，一共耗时七个月，而吴楚等国叛军全被扫平。

战争中的守绝非单纯意义上的被动防守，守的目的在于等待进攻之敌出现疏漏，而后乘机一击，反客为主。孙子在《孙子兵法·军形篇》中写道："不可胜者，守也；……善守者，藏于九地之下；……故能自保而全胜也。"说的是硬打不能取胜的，就要防守严密。善于防守的人，隐蔽自己的兵力如同深藏于极深的地下，只有这样，既能够保全自己，而又能夺取胜利。战争中的攻守转换，瞬息万变，顺则攻，逆则守，关键在于能否取得最终的胜利。刘伯温总结出知彼则攻，知己则守，是把《孙子兵法》又向纵深推进了一步，把攻守上升到知战的境界之上，充分表现出守战在战争中的重要地位。这种攻守思想对朱元璋夺取天下起了很大的作用。

朱元璋与群臣冷静地分析了竞争对手的情况，制定对策。他们认为：陈友谅傲气十足，张士诚气量狭小；傲气十足的人好生事，气量狭小的人没有远大抱负。假如先攻张士诚，那么，张军就会顽强坚守，东面的陈友谅必然倾全国之兵，围攻过来，处于腹背受敌的艰难境地。反之，先攻陈友谅，气量狭小、无大志向的张士诚肯定拥兵自保，静观其变。陈友谅孤立无援，必败无疑。陈友谅兵败，张士诚则成为囊中之物，伸手可得。

从这种分析出发，朱元璋首先与陈友谅在鄱阳湖摆开战场，张士诚果然袖手旁观。朱元璋以全力对付陈友谅，获得全胜。之后，朱元璋又发兵打败了张士诚，从此再也没有能与之抗衡的力量。朱元璋乘胜进军，向元统治中心大都进发，推翻元朝，建立明朝。

中外历史上那些懂得攻守之术的人们，一般都能够"知己知彼"。他们晓得自己的力量比较弱小，不足以与竞争对手力敌抗衡，只得隐藏大志，屈身示下，以求一退。越王勾践知道越国的力量抵不过吴国，不得不降一国君主的身份而为奴,卧薪尝胆,历尽艰辛;燕王朱棣(朱元璋之子)知道自己的力量还不足以与朝廷抗争,因此,学疯装傻,忍辱负重;身陷袁世凯软禁之中的蔡锷,知道自己在北京无一兵一卒,欲想倒袁必须出走,于是终日出没于烟花柳巷,耗费巨资置地买房,摆出一副不闻政治、胸无大志、沉溺酒色的样子,但他最后却揭竿而起,坚决讨袁。

知己知彼的目的,在于胜彼,战胜竞争对手。为此,在知己知彼的基础上,就要根据对手的特点,因势利导,相机行事,即因人制宜。兵家的因人制宜之术,在其他社会竞争领域未必是全部适用的。但其冷静理智的处事精神,还是普遍通用的。无论在哪一个社会竞争领域,都应该依据竞争对手的心理特点,知己知彼,相机行事。

心中有数,就会占得主动

善为事者,时时心中有数,绝不在没有算计的情况下,随意出手,否则就叫乱出手。当然,一个人善于抓住时机,见机而进,固然是英雄本色,但急流勇退,能见好就收,适可而止,也是智者之举。这一切都取决于心中之数。适可而止,就是在竞争事业中,时刻注意和自身利益相统一的数量界限,绝不超过度,绝不使事情发展到反面。同样,为人处世都有一个保持质的数量界限,也就是度。超过或者不及,都会使事物的性质发生变化。度的存在,要求我们无论做何种事情,都应有个数量分析，做到"胸中有数"，方可攻守转换。

魏晋时期的大军事家曹操，深知适可而止之道，《三国演义》讲到，曹操攻下张鲁的老巢——南郑，取得重大军事胜利。这时，谋士们纷纷进言，劝曹操乘胜进军，直取益州。主簿司马懿认为，刘备刚刚灭了刘璋的力量，但全蜀上下并未归心。益州一胜，乘势进兵，刘备之军势必瓦解。如此天赐良机，不可失去。谋士刘晔也认为，一旦错过战机，刘备安定蜀民，据守关隘，恐怕难以消灭。

但曹操不以为然。他认为夺取益州的时机还不成熟，应适可而止，"按兵不动"。因为刘备虽然刚刚夺取成都，但军力旺盛，士气很高。另外，尽管孙刘两家矛盾不断激化，但一旦曹操的拳头伸得过长，后方空虚，那么，坐山观虎斗的孙权绝不会袖手旁观，乘此良机。他们很可能绕过荆州直袭许昌。为此，不能头脑发热，图一时痛快，而应该审时度势，见好就收。后来事态的发展，也确实如此。只是因为曹操的正确预见和决策，没有吃亏上当。

和曹操形成鲜明对照的，是刘备。

东吴计杀关羽夺取荆州之后，刘备怒而兴师，发动伐吴之战。虽然这场战争的发动是不谨慎的，但在战役之初，刘备凭借优势兵力，有利地势，以及在报仇雪恨思想指导下一时激起的高昂士气，攻城夺地，捷报频传，在政治上和军事上都赢得不少主动。在杀气腾腾的蜀军进攻之下，吴方被迫再次求和，提出把范疆、张达二人和张飞首级一并送还，交还荆州，送归夫人，重修旧好，一同灭魏。

应该说，东吴的条件对于蜀国而言，已经是很难得的了。试想，即使战争胜利，还能彻底消灭东吴么？假如刘备头脑清醒，见好就收，既在一定程度上出了心中的怒气,又收回荆州重建吴蜀联盟,从而使战争得到一个较好的结局。但是,刘备被初战的胜利冲昏了头脑,对战争发展的最佳结局心中无数,盲目坚持率军长驱直入,企图消灭东吴。结果大军攻到目的地便成了强弩之末,非但未能灭吴,反被人家一把火烧得大败而归。

还有两个形成鲜明对照的人物,那就是关羽和诸葛亮。

三国时期,荆州的归属,一直是吴蜀双方争执不休的问题。赤壁之战后,刘备占领了荆州。对于刘备说来,荆州不能没有,因为这是向西川发展的基地,失去荆州,就失去了三分天下进而统一中国的条件。但是,荆州也是东吴的门户,要统一长江以南,发展自己,也必须夺取荆州。为此,赤壁大战后,孙权便派鲁肃前往索取荆州。

照理说,赤壁之战是孙刘联合的胜利,荆州作为从曹操手中夺取的战果,归刘备所有,名正言顺。况且,刘备漂泊半生,连个立身之处都没有,占有荆州也没什么不可,完全可以讲出一些理直气壮的话来。但诸葛亮对鲁肃说的却不是这样的话,而是提出暂"借"荆州。

一个"借"字,体现了诸葛亮办事适可而止、恰到好处的精神。当时的刘备,和曹操、孙权比较,力量还很弱小,必须和孙权结盟,共拒曹操,方能立稳脚跟,发展壮大,以图大举。假如提出占领荆州,激化吴蜀的矛盾,就会破坏吴蜀联盟,打破既定的政治战略,造成全局被动。而用一个"借"字,就避免了这一危险,就是说"借"荆州,既保证了刘备的可靠后方根据地,又维护了孙刘双方的同盟关系,不过不及,恰到好处。

但关羽这个人却不能理解诸葛亮的这番苦心。诸葛亮离开荆州之前,曾告诉关羽八个字"北拒曹操,东和孙权"。但他一直没把"东和孙权"放在心上。在与东吴的多次外交斗争中,凭着一身虎胆、好马快刀,从不把东吴人包括孙权放在眼里,不但公开提出荆州应为我们所得,还对孙权等人进行人格污辱,称其子为"犬子",使吴蜀关系不断激化,最后,东吴一个偷袭,使关羽地失人亡,悲惨至极。虽然,关羽的失败不能全部归结于他处理与东吴关系时的不谨慎,但至少他的过激行为,造成了吴蜀联盟的破裂,使东吴痛下决心,以武力收复荆州。

曹操诸葛亮刘备关羽的所作所为,从正反两个方面证明:适可而止,见好就收,确是一条极为重要的处事心术。

就心力高低的区别而言,就一定的意义说不在能不能做什么事,而在能否做应该做的事。不该做的事,你做了,即使很巧妙,也只能证明你心力低下;不该做的事,坚决不做,即使显得无所作为,也是心力高超。唯有在纷繁复杂的事变面前,清楚地知道应该做的事和不应该做的事,并相应调整自己的行为,方为智者。荀况曾说过:"知所为知所不为,则天地官而万物役也。"老子也说过"无为而无不为"。生活中常常有这样的事,无所作为,就是最大的作为!

识时务,谋深计,练出一套功夫

凡是成大事者,均有识时务、谋深计的功夫,这是他们成功的两大砝码。有些人做事不考虑为谁服务,从而不能辨认自己和对方,结果枉费精力,还无人生大局面;另外,谋深计才能有长远眼光,才能让自己有更大发展,此为"近视眼"不能比的。

(1)多谋几条出路

俗话说,识时务者为俊杰。人往高处走,水往低处流。跳槽攀高枝乃是人之常情,犯不着为此而大惊小怪。为了自己的前途,每个人都可以而且应该为自己多谋几条出路。

中国著名谋略家吕尚,就是一位跳槽攀高枝的行家。吕尚俗称姜子牙,是我国上古时期最为著名的政治家和军事家。姜子牙生活在商朝末年,当时纣王无道,荒淫无度,社会矛盾急剧激化。与此同时,商王朝的诸侯周国迅速崛起,西岐国君西伯姬昌(后为周文王)励精图治有取代殷商之势。姜子牙生逢乱世,虽有经天纬地之才,无奈报国无门,潦倒半生。他曾在商王宫中做过多年吏卒,虽然职低位卑,却处处留心。他看到纣王沉湎酒色,荒废国政,几次想冒死进谏。一则想救民于水火,二则可以因此受到纣王赏识,求得高官厚禄。然而姜子牙后来见到大臣比干等人皆因直谏而丧生,只好把话咽回肚中,他料定商朝气数将尽,纣王已不可救药,自己不愿糊里糊涂地替纣王殉葬。于是,他决定另攀高枝,改换门庭。

当时,西伯昌立志复兴周国,除掉纣王,求贤若渴,正是用人之时。吕尚为了引起西伯昌的注意,便在渭水之滨的兹泉垂钩钓鱼。这个地方风景秀丽,人迹罕至,是个隐居的好地方。姜子牙并非要老死林下,而是在此静观世变,待机而行。

这一天,吕尚听说西伯昌要来附近行围打猎,便假装在兹泉垂钓。这时候,姜子牙还是个无名之辈,西伯昌当然不会认得他,但姜子牙却在朝歌见过西伯昌。为了引起西伯昌的注意，姜子牙故意把鱼钩提高到离水面三尺以上，钩上也不放鱼饵。果然，西伯昌觉得奇怪，便走上前问道："别人垂钓均以诱饵，钩系水中。先生这般钓法，能使鱼上钩吗？"

姜子牙见西伯昌对人态度谦和，果然是个非凡人物，便进一步试探道："休道钩离奇，自有负命者。世人皆知纣王无道，可是西伯昌就甘愿上钩。纣王自以为智足以拒谏，放跑了有取而代之之心的西伯昌。"

西伯昌闻言，大吃一惊，心想：这位老人身居深山，何以能知天下大事？更为不解的是，他怎能把我西伯昌的心迹看得这么透彻？定然不是凡人！连忙躬身施礼，说道："愿闻贤士大名？"

"在下并非贤士，老朽吕尚是也。"

"刚才偶听先生所言，真知灼见，字字珠玑，不瞒先生，足下就是你说到的西伯昌。"

姜子牙装出吃惊的样子，惊恐地说："老朽不知，痴言妄语，请您恕罪。"

西伯昌连忙诚恳地说道："先生何出此言！今纣王无道，天下纷纷，如先生不弃，请您随我出山，兴周灭商，拯救黎民百姓。"

姜子牙假意客套了一番，随同西伯昌一起乘车回宫，一路上纵论天下大势，口若悬河。西伯昌如鱼得水相见恨晚，回宫之后，立即拜吕尚为太师，倚为心腹。从此以后，姜子牙官运亨通，飞黄腾达。

俗话说，姜太公钓鱼愿者上钩。作为一个老谋深算的政治家，吕尚略施小计便攀上了西伯昌这棵大树。弃暗投明，跳槽做了周国的太师。倘若他抱报定忠臣不事二主的陈腐观念，恐怕到老到死也不过是纣王宫中的一名小吏，永无出头之日。真可谓识时务者为俊杰！

（2）学会从长远考虑问题

"自古不谋万世者，不足谋一时；不谋全局者，不足谋一域。"自古以来，不考虑长远利益的，就不能够谋划好当前的问题；不考虑全局利益的，就不能策划好局部的问题，正所谓人无远虑，必有近忧。

历史上有许多谋深计远，终身受益的事例。刘邦谋士萧何，眼光远大，不同凡人。汉高祖刘邦率兵攻占咸阳后，凡秦宫的金银财宝、狗马玩物，任凭臣下随意掠取，毫不禁止。萧何其人行为独特，他进入丞相府，收罗秦朝的典籍簿册而回。这时，他便对当时天下的山川形势、关隘险阻、户籍多少、人民贫富了如指掌。在楚汉战争中，这些都派上了用场。为此，他做了西汉的第一任相国。

在历史的长河中，也有一些英雄豪杰，因一时目光短浅，眼界狭隘，致使前功尽弃，饮恨苍天。楚汉相争中，项羽身经七十余战，连战连胜，但因战略失误，最后自刎乌江。陈胜、吴广、张角、黄巢、李自成等农民起义军领袖，率领成千上万的人民群众，斩木为兵，揭竿为旗，东征西讨，南征北战，沉重打击了反动统治阶级的嚣张气焰。然而，终因未能建立稳固的根据地等战略上的失误，以失败告终。

谋深计远，需要认识和掌握事物发展变化的可能和趋势，事先采取相应的措施。萧何的不同寻常之处在于，能知人所不知，见人所未见，知道掌握秦朝山川图册的重要价值，因此，在别人唯财物是夺的时候，收起当时百无一用的图册。

谋深计远，还需要居安思危，防患未然。在胜利的时候，保持清醒的头脑，准备应付可能发生的危险和困难。

老子说："祸兮福之所倚，福兮祸之所伏。"是说任何事物都可能向相反的方面转化。胜利，是各种竞争力量较量的暂时结局，不是恒久不变的，一旦力量对比发生变化，就会胜转为败，强化为弱。

有一句成语，叫"螳螂捕蝉，黄雀在后"。蝉在树上放声歌唱，可它不知道螳螂正躲在它的身后。螳螂弯着身子躲在一边，正想捕蝉，却不知道有一只黄雀在它身旁。黄雀伸长脖子，正想去捉螳螂，却不知道树下行人举着弹弓要打它。从某种意义上讲"窥测者"大有人在。在竞争胜利者的身前身后，一定有人在睁大双眼，伺机取而代之。如果胜利者放松戒备，骄傲自满，稍有失足，便可能为人提供可乘之机，转胜为败，化强为弱。

因此，聪明的人总是十分注意保持高度警惕，"既胜若否"，以防万一。

武则天时，有一个负责传递消息的舍人叫元行冲，学问渊博，多才多艺，狄仁杰很器重他。元行冲数次规劝狄仁杰说："凡是居家过日子，必须有所储备。肉干、酒是用来食用的。我暗想明公之门，山珍海味，无奇不有，一定多得不得了。但我元行冲恳请您一定要储备药物。"狄仁杰笑着说道："我药笼中的药，怎么可以一天没有呢？"

这是一段暗语，"药物"，是指发病即遇到意外伤害时的应付措施，防患未然之法。当时，狄仁杰深得武则天的信任，可谓志得意满，但他懂得这并不是不可以失去的，应该防患于未然。

从长之计，体现了一个人对问题把握的深度和全局性认识。有些人只看到眼前利益，而忽略长远打算，这是鼠目寸光的表现，有些人则能放开眼光，登高望远。不把一得一失视为要事，而是对人生做长线考虑，故为聪明之举。

在巧妙应对上用足劲

最聪明的人在人际关系这个圈中,总能发现自己身处何位,知道左右存在什么利害,然后巧妙应对,既不伤害自己,也不伤害别人。

巧妙应对一切,在诸葛亮的身上,可以说活灵活现,但是生活中又有几个诸葛亮呢,大多是臭皮匠!所谓"三个臭皮匠顶一个诸葛亮",只是给智商不高的人一种说法罢了,对于那些睿智的人来说,巧妙应对则是小菜一碟。

《三国演义》中根据历史故事改编的"曹操煮酒论英雄"一节非常精彩,这则故事在《华阳国志》《献帝起居注》等当时史书中均有记载。建安四年(199)夏,曹操挟天子以令诸侯,扫荡吕布,平定淮东,很是踌躇满志,在他心目中,袁绍、袁术、刘表三路诸侯只是匹夫而已,唯有被自己羁縻于许昌、无强兵可恃的刘备却是人中豪杰,如果放虎归山,将是自己争霸天下的强大对手,但他到底如何,自己心中也没底,就总是对他试探。

刘备则以韬晦计策虚静以待,每日装愚弄拙,只是种菜养花,装出一副胸无大志的样子。曹操对他仍很不放心,一日,决定请刘备到家中小宴,以观察刘备的虚实。

酒至半酣,忽然天云漠漠,骤雨将至。曹操问刘备道:"龙这种神物,可比世间英雄。刘备你久历四方,见多识广,必知四方英雄人物,请指示一二。"刘备托词道:"我一个肉眼凡胎,怎能识别英雄庸才,还是请丞相赐教。"但曹操不依不饶,刘备无奈,只得虚与委蛇,举出袁术、袁绍、刘表等人，但为曹操一一驳斥。刘备无法，佯装不知到底英雄是何方神圣，就问道："丞相到底以为谁可称得上英雄？"曹操突然手指刘备，然后自指，朗朗说道："今天下英雄，只有你我二人！"真是掷地有声！

好个刘备，却是闻言大吃一惊，将手中所执的匙筷吓得掉落在地，恰好此时正是雷声大作，电光一片。刘备从容拾起汤匙说："好大的雷声啊，把我吓了一大跳！"曹操笑道："大丈夫难道还怕雷吗？"刘备说："电闪雷鸣，还能不怕？"将刚才的失态轻轻掩饰过去了。

这里，刘备运用"反应术"，反弹琵琶，应对曹操，使曹操自此不疑刘备。

《三国演义》中这一章节是全书的精彩华章之处，将曹操的狡诈与锋芒和刘备的含而不露、韬晦不现的枭雄性格刻画得淋漓尽致。一个存心试探，一个着意防范；一个轻挑慢击，一个装傻作呆；一个单刀直入，一针见血，一个则惊语失态，借雷掩饰……一场集智慧、谋略的角逐戏表演得惊心动魄，扣人心弦。

韬晦之术自污其身的伎俩，常有奇效；除此之外，则是以退为进，暂时避开锋芒，将一摊子"烫手山芋"留给对手。

有一年中秋节，乾隆在清漪园闲暇无事，便令刘墉等一帮文人陪他去逛西堤。当时堤上种了许多果树，又正值中秋时节，各种果实挂满枝头，煞是好看。

刚走两步，乾隆便来了兴致。他吩咐随从太监在昆明湖里采了一个莲蓬，亲手剥开，尝了一粒莲子，又吐出来，随口吟出一句诗："莲籽心中苦"，并示意大臣对诗。

正当大臣们忙着琢磨皇上葫芦里卖的什么药，如何答对才好的时候，平时爱在皇帝面前讨好逗能的和，急忙抢先诌了一句："母猪肚里臭。"

乾隆听后把脸一沉，训斥他说："今日是中秋佳节，岂可以污言秽语来煞风景！"

和讨个没趣，赶忙跪地乞求免罪。

乾隆又瞟了刘墉一眼，示意让他对诗。刘墉虽不如纪晓岚才思敏捷，倒也能出口成章。他从容地从路边梨树上随意摘了一只梨子，咬了一口又吐出来，吟了一句："梨儿腹内酸。"

乾隆听后连连点头说："好诗！"随即又训斥和说："你要好好读点诗文，也要学得文雅一点。"

乾隆也是个好逗能的人，他见刘墉出口就对上了他的诗，心里又有些不是滋味，便成心想把刘墉难倒，好让他在大臣们面前出出丑，杀杀他的锐气。乾隆看见路边的柿树上挂满了青柿子，便对刘墉说："刚才那一联你对得很工整，朕赏你个大柿子吃。"

青柿子很涩，自然很难吃。乾隆的意思是看你刘罗锅子吃不吃。

只见刘墉高高兴兴地从太监手中接过青柿，说完"谢主隆恩"，从身上掏出一把小刀，把柿子分成几片送给几位大臣，他自己留下薄薄一片，并说："这是皇上的恩赐，我不能独享，请诸位分享吧！"

当着皇上的面，大家谁也不敢不吃，结果把大臣们涩得个个吐舌咂嘴，狼狈不堪。

乾隆又带着大臣们继续向南走。来到一棵大梨树下站住了，他让太监选了一个又大又黄的鸭梨，赏给刘墉吃。刘墉正好口渴得很，接过鸭梨便大口大口地吃了起来，还不断地说："真香！真甜！"

直看得旁边的大臣们流出口水来。乾隆问他："你这次为何不分给大家吃啊？"

就听刘墉说："我主万岁！这鸭梨虽然味道鲜美，人人想吃，我却不能把它分给诸位吃。皇上想啊，今天是团圆节，若是众大臣分梨（离）了，那还怎么能忠于皇上，保住咱大清的一统江山呢！"

乾隆听后乐得开怀大笑，说："刘墉，你的确机敏过人，你的保国忠心，朕是明白了。"随后就赏给刘墉三眼顶戴花翎，对他更加信任了。

事实上，历史上的和并不愚笨，他"性警敏，读书不多，而能强记。初官拜唐阿，值高宗驾出，于舆中默诵《论语》朱注，偶不属（忘下文），垂问御前大臣无以应，时提灯舆左，谨举下文以对，即日擢侍卫，不数年即登大僚。既贵，延吴白华省兰诸公于家，日与讲论今古，故于诗文亦相解。"

《清稗类钞·异禀类》"和记性绝佳"一条也说："和记性绝佳，每日谕旨，一见辄能默记，乃至中外章奏连篇累牍，仓猝批阅，皆能提纲挈领，批却导款，以故与闻密勿，奏对咸能称旨。此所谓才足济奸，聪明误用者。"世传和所做《元夕诗》云：

月色明许许，嗟余困未伸。
百年原是梦，廿载枉劳神。
室暗难挨暮，墙高不见春。
余生料无几，空负九重仁。

虽非佳作，倒也工整。此外，他通维吾尔等多种文字，在当时的统治集团里也是少见的。他之所以能受乾隆宠信，除了他善于巧妙应对，与他确有某些才干相关，更何况能讨乾隆这样一位自视文武双全的君主的欢心，本身就需要点机智聪明呢！

总之，巧妙应对是为人处世时绝对不能少的手段，不可视之为可有可无。有些事情之成败，全在于你应对的灵敏度。

让技巧不着痕迹

做人办事必须讲究公正。李世民意识到，"法者，非朕一人之法，乃天下之法"，所以"其身正，不令而行；其身不正，虽令不从"。帝王能否严格依法律办事，对律令能否严格执行关系重大，因此，为了能使法律更好地实现其赏罚职能，使天下人毫无怨言地拥护它、服从它，而不致成为一纸空文，皇帝必须严格执法。但是，身为一代君王，手握生杀予夺大权，要想使之与下民一样奉公守法，无疑又是十分困难的，尤其是在涉及皇帝自身切身利益之时，在实权、私情与法律的角逐过程中，要做出抉择更是困难重重。而李世民却巧妙地运用了各种手段，既能示之以公，又能掩而避怨，常常不着露迹。

持法贵平，而"平"则要显示得恰到好处。对于那些与己身利益不是十分相关，但若不绳之以法又易招怨谤的案件，李世民向来不会惹火上身，而是严格持之以平，示天下以公。

贞观九年八月，岷州都督高甑生起先不服李靖军事调度，后又诬告李靖"谋反"。李世民当然不会偏听轻信。试想，李靖原是当年秦王李世民从行刑刀下营救出来的，武德年间跟随李世民转战南北，立下了汗马功劳；贞观以来，奉命捍卫边疆，威震北狄。这样久经沙场、出生入死、勋业卓著的将领，怎会谋反？为了慎重起见，李世民还是派了法官进行调查，"有司按验无状，甑生等以诬罔论"。但考虑到高甑生曾是秦府功臣，遂"减死徙边"。这时，有人上书替高甑生讲情，说："高甑生是秦王府的旧臣，而且立有大功，请宽免他的罪过。"为显示自己的公平，李世民义正词严地说："虽然高是我为秦王时的老部下，立有功勋，确实不应忘记，但治理国家，遵守法令，事须划一。在法律面前，人人平等。现在如果赦免高甑生，就开了因功而侥幸获免的路子，势必造成恃功违法的现象。而且国家起兵于太原，自始跟从并立下战功的人很多，如果高甑生得到赦免，谁又不存在侥幸的想法？有功劳的人，都要犯法了。朕之所以不敢赦免他，原因正在于此。"

河南道濮州刺史庞相寿贪赃枉法，被人举报，受到追赃撤职的处分。他自恃原为秦府旧人，上疏恳求李世民宽宥，说自己是因穷而贪赃。李世民出于怜悯，便准备让他官复原职，并赐绢百匹，以济其贫寒。魏征见此事处理不公，就进谏说："皇上以故旧私情枉法，赐绢给贪赃之人，且仍让他们为官，是使为恶者得逞，为善者寒心！贪赃枉法以济家贫，虽情有可原，但国家法律难容。在秦王左右的人，朝廷内外很多，恐怕人人都要仗恃皇上的私人恩宠，这就会使那些秉公执法的人惧怕了。"李世民一听此言，为免落"以故旧私情枉法"之名，便采纳了魏征的意见，告诉庞相寿说："我过去为秦王，那只是一个王府的主人；现在身居皇位，是国家的君主，不能对自己的部下有所偏爱。大臣们坚持原则，我怎么敢违反大家的意见呢？"这样，李世民为持平起见，强压住了自己心中的私意，赐给庞相寿一部分绢帛，让他回家。庞相寿只得"默然流涕而去"。

江夏王李道宗是李世民的堂兄弟，很早就跟随李世民征战，屡建殊功。唐朝建立后，在击灭突厥和吐谷浑的战争中也战功显赫。贞观十二年（638），李世民加封他为礼部尚书，然而任职不久，他就大肆贪赃，终被揭发。事关官场清浊，于是李世民毫不容情地将之下入狱中，最后不仅罢了他的官职，还削了他的封邑。对此，他对大臣们这样评述说："人情总是贪得无厌，对此只能用理来加以节制。道宗俸禄很高，我赏赐他的财物也很多，家中足有余财。可他却如此贪婪，令人叹息，他的作为难道不是很卑鄙吗！"于是罢黜李道宗的官职，削去他的封邑。

贞观七年（633），蜀王妃的父亲杨誉，仗势欺人，争夺官婢，触犯国法。刑部都官郎中薛仁方，依法将杨誉拘押审问。杨誉之子是李世民侍卫，他向李世民告状，说薛仁方竟敢把未犯反叛罪的五品以上的官员，押在狱中，就是因为他是国戚，才这样节外生枝，不肯决断，拖延时间。李世民大怒，说："知道是国戚还故意刁难？"下令将薛仁方革职，杖责一百，并给以撤职处分。魏征获悉后，挺身而出，进行辩护，说："仁方既是职司，能为国家守法，岂可妄加刑罚，以成外戚之私乎！"同时，愤怒地谴责那些"旧号难治"的世家贵戚，简直是一伙危害社稷的"城狐社鼠"，若不严加防范，无异"自毁堤防"。魏征晓以利弊得失，李世民也感觉自己思虑不周，他不好再去包庇外戚，只好给了自己一个台阶下，说："诚如公言，朕未能明察，然而薛仁方妄自囚人而不申奏，颇是专擅，虽不合重罚，宜少加惩肃。"于是下令将薛仁方斥杖二十，但不再予以撤职。

对于那些严重危及封建皇权的行为，无论是否至亲，李世民都更是坚决不予姑息。

齐王李佑是李世民的第五个儿子，他溺情小人，纵情声色。为对之加以劝导，李世民曾派权万纪去予以匡正。然而因权万纪向其屡进直言，竟遭李佑妒恨，最终在进京途中竟遭李佑派人杀害。其后李佑又结党营私，举兵反叛。面对李佑的欺君犯上之举，李世民愤怒已极，他说："李佑往为吾子，今为国仇"，于是将李佑定为死罪，并下诏说："权万纪作为忠烈之士，永存令名，虽死犹荣；而你生为贼臣，死为逆鬼！有你这样的儿子，我真是上惭皇天，下愧后土。"尽管内心极为痛苦，他还是将李佑赐死于内省，以肃法纪。

从以上事例可以看出，对于触犯国法，而又影响到身家声誉或自家利益者，李世民往往总能示之以公。这样，既惩治了犯罪，巩固了统治，又向世人昭显了公平之意，畅通了执法之途，李世民此举，应当说是相当明智的。

李世民既能思及一国一己之利而严格执法，便亦能同样为之而徇情枉法。只是其往往都能将枉法之举做得有声有色，乃至滴水不漏，其本领之高，令人叹服。

党弘仁一案便就是李世民上演的一场弄法欺天的精彩之戏。

广州都督党仁弘，勾结豪强，受贿金银，以没入宫中的蛮人为奴婢，又擅自征税，被人告发，按律当斩。李世民念他年迈，又是元勋旧臣。

当年李渊入关时，他率 2000 人归附李渊于蒲阪，又从平京城，随大军东讨，输饷不绝，很有才略。如此功勋卓著的大臣，使之白发受戮，李世民于心不忍，想将他从宽发落，贬为庶人，免去死罪。于是他召集群臣聚于殿上，对他们说："我昨天看到了大理寺五复奏的文书，要诛杀党仁弘，我为他白首就戮感到难过，正在吃饭，立刻让人撤了筵席。然而我想为他求一条活路，始终没有找到令人信服的理由。现在我想向你们请求，能否曲法饶他一死。"

过了好久，也没有人说话。大臣们不同意宽宥党仁弘，又不敢反驳，不说话当然就是最好的反驳。

李世民执意要宽恕党仁弘，他自己想出一个办法，说："法者，人君所受于天，不可因私而失信。今朕欲赦党仁弘，是弃法欺天。朕欲露宿于郊外三日，每天只吃一餐，以此向苍天谢罪。"说完就要动身。房玄龄等大臣苦劝不可，他们说："生杀之权本来为皇帝所专有，何必要自相贬责呢？"李世民不答应，坚持要向上天谢罪。大臣们都在院子里跪倒在地，坚持请求李世民放弃这一打算，从早上直到太阳偏西，李世民才降手诏，表示尊重大家的意见，不再举行谢罪仪式，但在诏书中严于罪己，说："我有三罪：一曰知人不明，二曰以私枉法，三曰知恶而不诛，知善而不赏。"于是贬黜党仁弘为庶人，将之流放钦州。

李世民自知自己这样做纯粹是弄法欺天，他想实现一己之私意，势必会落下枉法的恶名，因此，为了让自己不承担不守法的过错，求得他人认可，他竟想出向天谢罪的奇招。如此两全的高明之举真是非李世民不能为也。

长孙无忌案又是一例。贞观初年，有一天李世民有事急召吏部尚书长孙无忌进见。长孙无忌匆匆走入东上阁,因为来得匆忙,他竟忘记将腰间的佩刀解下,守门的校尉一时疏忽,也没有察觉。直到见到皇帝,长孙无忌才发现自己的佩刀尚在身上,甚为惶恐,叩头请罪。按唐律,带刀入殿当判死罪。然而,长孙无忌既为朝廷重臣,又是皇后之兄,如果为了这件事,就把他杀了,李世民哪里杀得?这时,尚书右仆射封德彝赶紧出面解围,他说:"长孙无忌带刀入殿,理应处死。但他因匆忙一时失误,情有可原,可罚金二十斤,以示惩罚。而守门校尉未发现此事,职责所在,乃严重失职,应判死罪。"李世民一听,也急忙就势答应下来,紧急拟旨送往大理寺,谁知却遭到大理寺少卿戴胄的坚决反对。戴胄说:"监门校尉没有察觉,和长孙无忌带刀入内,同样都是失误。作为臣下对于有涉于皇帝的一举一动,不能有任何失误,按照法律所讲:'供奉皇帝汤药、饮食、舟船者,没有按照法令办事,有所失误者,都要定为死罪。'陛下如因长孙无忌有功而从宽处理,那就不是司法机关所能议定的。但如果依法办事,那么罚金是不合理的。"李世民说:"法律不是我一个人的法律,而是国家的法律。怎么能因为长孙无忌是皇亲国戚就要徇私枉法呢?"于是命令重新审议此案。封德彝仍坚持自己原来的意见。李世民护臣心切,再加上已予评议,面子活做得也够了,便也不再想改旨另判。谁知戴胄却始终坚持己见,他固执地请求说:"校尉是因为长孙无忌而被治罪的,按照法令应当从轻。如果论议他们的过错和失误,则情况是一样的,而定罪却生死大异,所以臣斗胆坚持为校尉请脱。"览阅奏章之后,李世民见戴胄说得句句在理,所言皆光明磊落,而相形之下,封德彝的意见却颇有小人之气,于是他想,我如驳回戴胄,依了封德彝,岂不是要冷了忠臣之心,长了小人之志气?既然要祖护长孙无忌，就不能严惩校尉，不然就会使百姓心存疑问。于国家实为不利，于是他最终同意了戴胄的意见，免除了校尉的死罪。

同触一罪，当死者理应共死，长孙无忌却以功得生。不动声色之中，校尉却成了李世民弄法徇私的替罪羊，当生却不能同生。若非戴胄一再请命，死后余魂，又怎能得安？小民之命，如同草芥，朝臣之命，枉法亦不足惜。妙就妙在枉法之余，李世民竟还将事情做得无迹无痕，将罪臣之责推得干干净净，转嫁于他人。这样是对是错，他自然心知肚明，所以心虚之余，才总算听从了戴胄的意见，克服了一己的喜怒之见。

《尚书》说："不偏党，不阿私，圣王之道是多么浩荡啊！"然而，身为封建帝王，真正能做到不阿私不偏党者又有几人？要落得"无偏无党"之美名，若非有两面三刀之功，又如何能为？然而李世民却能做得天衣无缝。

第四章
掌时之术：明白自己用时之策

做任何事，都是以人顺势、以时谋局为主。此为不可视而不见的成功法则。

养成善于利用机会的个性

1981年，英国王子查尔斯和黛安娜要在伦敦举行耗资10亿英镑、轰动全世界的婚礼。

消息传开，伦敦城内及英国各地很多工商企业都绞尽脑汁想利用这一千载难逢的发财机遇。有的把糖盒上印上王子和王妃的照片，有的把各式服装染印上王子和王妃结婚时的图案。但在诸多的经营者中，谁也没赚过一家经营"望远镜"的商号。

这位老板想，人们最需要的东西就是最赚钱的东西，一定要找出在那一天人们最需要的东西。

盛典之时，要有百万以上的人观看，将有一多半人由于距离远，而无法一睹王妃尊容和典礼盛况。这些人那时最需要的不是购买一枚纪念章、买一盒印有王子和王妃照片的糖，而是一架能使他看清人和景物的望远镜。于是他突击生产了几十万架用马粪纸和放大镜片制成的简易望远镜。

那一天，正当成千上万的人由于距离太远看不清王妃的丽容和典礼盛况、急得抓耳挠腮之际，千百个卖童突然出现在人群中，高声喊道："卖望远镜了，一英镑一个！请用一英镑看婚礼盛典！"顷刻间，几十万架望远镜抢购一空。不用说，这位老板发了笔大财！

机遇对任何人都是平等、公正的。就看谁抓得准、用得好。其实，在这个事例中，众多的英国工商业企业也不是没抓准机遇，只是不如生产简易望远镜的那位老板机遇抓得准罢了。说到底还是那位老板比别人研究得更细一层，他看准了那一天人们最大的需求、最需要的东西——望远镜。

所以，卡耐基认为，一个企业家关键时刻一定要抓住机遇，更深一层地研究、利用机遇。同一机遇，谁都可以利用。

但利用得最好的，毕竟只是少数。想胜人一筹，就须在认识分析上高人一筹。其实，不过是对公众需求和心理分析研究得更细一点，更深入一点，把握得更准一点，而且常需要对特定情境周围的分析研究联系起来。

明确目标会使你对机会抱着高度的警觉性，并促使你抓住这些机会。

柏克是一位移民到美国、以写作为生的作家，他在美国创立了一家以写作短篇传记为生的公司，并雇有6人。

有一天晚上，他在歌剧院发现，节目表印制得非常差，也太大，使用起来非常不方便，而且一点吸引力也没有。当时他就兴起想印制面积较小、使用方便、美观，而且文字更吸引人的节目表的念头。

于是第二天，他准备了一份自行设计的节目表样张，给剧院经理过目，说他不但愿意提供品质较佳的节目表，还愿意免费提供，以便取得独家印制权；而节目表中的广告收入，足以弥补这些成本，并且能使他获利。

剧院经理同意使用他的新节目表，他们很快和城内所有的歌剧院都签了约，这门生意日后欣欣向荣，最后他们扩大营业项目，并且创办了好几份杂志，而柏克也在此时成为《妇女家庭杂志》的主编。

一个具有善于利用机会的人认为：如果你能像发现别人的缺点一样，快速地发现机会的话，那你就能很快成功。经常对自己讲："机会来了，抓住它！"慢慢地，就会成为一种习惯，从而真的抓住它。

机会是自己制造的

在成长的道路上，当理想难以实现，勤奋、毅力和各种方法都无济于事的时候，突然，一个机遇出现在你的面前，解救了你，使你在事业上有了进步，甚至获得了成功，这种事情在生活中是常有的。

机遇的力量是很神奇的，我们都希望在自己人生短短的路途中多多得到它的惠顾，特别是在选择职业的过程中。然而，真正能够抓住机遇的人却并不很多，因为机遇好比商品的价格，稍一耽搁，就会变化；它又像市场上的某些紧俏商品，如果能买时不及时买，当你发现了它的价值而再想买时，却再也找不见了。古谚说得好，机会老人会先给你一个可以抓的瓶颈，你没有及时抓住，再摸到的就是抓不住的圆瓶肚了。

要想抓住机会，必须有一种特殊的智慧和能力。机会只垂青于那些早有准备的人。这是很有道理的。

英国著名科学家法拉第是世界上最伟大的物理学家和化学家之一。他出身贫苦，12岁上街卖报，13岁起在钉书店当8年学徒。虽然他酷爱读书，认真钻研了有关电学的论述，还尽可能利用条件做点小实验，但若不是碰巧英国著名学者戴维到那里做学术讲演，若不是法拉第想尽办法弄到两张入场券，也许他俩就不会认识，他就更不可能得到戴维的赏识。正是由于这种特殊的机遇，在戴维的推荐下，法拉第才在皇家学会实验室当上了助手，开始走上了新的学习和研究的道路。

英国进化论的奠基者达尔文也是善于利用机遇的人。

1831年，海军勘探船"贝格尔"号将作环球旅行，需要一位自然科学家。达尔文看出这是进行生物考察的大好时机，当即表示愿去，但却遭到了父亲的强烈反对，后来他经过很大的努力，争取到舅父的赞助，才达到目的。不难想象，如果失去这次机会，《物种起源》这部巨著也许永远不会问世。

桃桃是内蒙古一个农民的女儿，初中毕业没考上高中，就去市内一位干部家里当了保姆。在一般情况下，保姆只是整天拖地做饭，洗衣，干家务。而这位干部偏偏喜欢爱学习的孩子，他看桃桃愿意学，就给她提供很多日语课本，留出时间来让她学习，为了怕小女孩早晨醒不来而误了听广播，老两口天天喊她。不久之后，桃桃终于能流利地说一口日语，被日本北海道的"农友会"正式邀请到日本学习去了。如果不是这位百里挑一的好干部，农村出来的桃桃也许不会成为这方面的人才了。但是，如果没有桃桃刻苦好学，纵然遇到这样的好干部，又能怎样？

机会到处都有，就看你是否抓得住。

很多人抱怨没有机会，他们说：他们之所以失败，是因为不能得到像别人那样的机会。一切好的机会都已被人捷足先登了，所以，我们只好坐吃山空了。

"没有机会"，这是失败者的推托词，有志气的人是不会这样怨天尤人的。他们在做事前密切观察留意机会，在工作过程中则尽可能利用一切可以利用的时机，他们不等待机会，他们创造机会。

马其顿国王亚历山大大帝在打了一次胜仗之后，有人去问他，假使有机会，他想不想把第二个城市攻占。"什么？"他怒吼起来，"机会！机会是我自己制造的！"世界上到处真正缺少的，就是那些能够制造机会的人。

我们有些人总是眼高手低，他们希冀一个突然的机遇把自己从地狱送到天堂，眨眼之间便具有了值得大肆炫耀的工作，一夜之间就会一举成名。他们往往为着一心要摘取远处的玫瑰，反而将近在脚下的菊花踏坏了，他们忘记了大事业要从小处着手。

事实上，会利用机会的人，往往不是那些把机会奉为神明的人，他们从没把希望寄托在机遇上，他们知道，大事业是从小处开始的，"天下事，必作于细；合抱之木，生于毫末；九层之台，起于累土"。他们明白，一砖一木垒起来的楼房才有基础，一步一个脚印才能走出一条成功的道路。他们相信，只有依靠自己的力量才是最实在，也是最可靠的。

事实上，我们经常看到，无论是在职业的选择中，还是在工作和劳动中，很多成功往往属于那些身处逆境的人，他们没有良好的条件，没有捷径的道路可走，也不希求外在机会的垂青，所以，他们走的路最实在，他们所得到的机遇也就会最多。青年人在职业选择过程中，必须充分认识到这一点，自觉而顽强地为自己创造机会。

让机遇更快地降临

其实，机遇之神经常敲响你的大门，但人们可能不敢去开启，因为他们开始犹豫，害怕敲门的不是天使，而是魔鬼。但正是在犹豫的刹那间，机遇之神溜走了。然后人们又开始悔恨：为什么自己没有抓住机遇之神？这样的情况我们每天都可以看到，都能有所耳闻。很多人在机会降临的时候犹豫不决，而机会转瞬即逝之后开始悔恨。

人们总是这样说："如果给我一个机会……"，或者是"为什么我的机会那么少？"其实这种想法都很可怜。只要世界还在变，机会就无限。朋友，抛开顾虑，创造你的机遇吧！跨出第一步，闯进机遇的网络之中，任由机遇把你带到遥远的地方去。不要怕，因为机遇往往在无畏的人面前出现。

有句俗语："命好不如运好，运好不如流年好。"某年的一个机遇，就足以改变你一生。问题是，你有没有好好捕捉这个机遇。请擦亮你的眼睛，留意形势变化，争取做第一个捕捉并善用机遇的人。

对待机遇，有两种态度：一是等待机遇，二是创造机遇。等待机遇又分消极等待和积极等待两种。不过，不管哪种等待，始终是被动的。你应该主动去制造有利条件，让机遇更快降临在你身上，这是创造机遇。

创造机遇，首先要克服种种障碍。错误的思想、不正确的态度、不良的心理习惯，是创造机遇的主观障碍。克服不了主观障碍，就会出现自己拖着自己后腿，被自己打败的情况。

（1）主动寻求机遇

机遇等不来。有一句美国谚语说："通往失败的路上，处处是错失了的机会。坐待幸运从前门进来的人，往往忽略了从后窗进入的机会。"只有敢于冲锋、主动进击的人，才能抓住机遇。机遇不会落在守株待兔者的头上。

争取机遇，抓住机遇，就要勇敢地以自己的最佳态势迎接挑战，要力求选择最佳方案，然后见之于行动。必须主动寻觅机遇，要敏锐地"缠住机遇"。机遇只能馈赠给踏破铁鞋、积极寻求的探索者，而不是恩赐给守株待兔、消极等候的人。懂得紧紧抓住机遇的人，才有希望摘取成功之果。

美国钢铁巨头卡内基是个主动出击、超前预测、看准机遇的高手。1865年，美国南北战争宣告结束，北方工业资产阶级战胜了南方种植园主，但不幸林肯总统遇刺身亡。当时，全美国沉浸在悼念失去可敬总统的悲恸之中。卡内基却清醒地预料到，战争结束后，经济复苏在即，经济发展必对钢铁需求量剧增。他即义无反顾地辞去了铁路部门有优厚报酬的工作，创立了联合制铁公司，后又发展为 US 钢铁企业集团。他抓住了经济复苏的机遇，并获得了巨大的成功。

机会，只是提供了成功的可能性，要真正获得成功，仍然需要百折不挠的奋斗。获得机遇是好事，但是不能把机会等同于成功，不能把契机当成特权。

许多勇于选择机遇，善于利用机遇的人，他们总是从不畏惧艰难挫折的挑战，而是将磨难看作是对生存智慧的一种检阅。他们通过机会展现出自己的不凡身手，无论结果是成功还是失败，都视作是人生中有价值的组成部分。成功了，即取得了"阶梯式"的收获，进而继续搏击不止。失败了，即将其作为是给成功所做的铺垫。

当你失去了一次机遇后，切不可一蹶不振，否则永远不会有新的机遇降临。如果下定决心，努力改变自己，定会使第二次机遇光顾你的门庭。

（2）努力创造机遇

亚历山大在打了一个胜仗之后，有人问他：假使有机会，他想不想把第二个城邑攻下？"什么？"他怒吼起来"机会？我制造机会！"

是的，世界上最需要的，正是那些能够制造机遇的人。

时机虽是超乎人类能力的大自然的力量，但人在机遇面前，不都是被动的、消极的。许多能成大事的人不愁不烦，总是静待机会的到来，可是，更多的时候，是积极地、主动地争取机会，"创造"机会。

培根指出:"智者所创造的机会,要比他所能找到的多。"其实,在主动进取的人面前,机会完全是可以"创造"的。只是消极等待机会,这是一种图侥幸的心理。正如樱树那样,虽在静静地等待着春天的到来,而它却无时无刻不在养精蓄锐。人在待机之时,不能放松蓄锐养神的积累功夫,而且要时时窥测方位,审时度势,见缝插针,以寻求有利自身发展的机缘。

一个强者,总能创造出契机,当一个人计划周详,考虑缜密,在多种有利因素的配合下,机遇来到你的身边。常常与机会结缘,并能借助机遇的双翼,搏击于事业的长空。

走向成功的人,绝不是一个逍遥自在、没有任何压力的观光客,而是一个积极投入、"执迷不悟"的参与者。善于制造机遇,并张开双臂迎来机会的人,最有希望与成功为伍。积极创造机遇,也正是现代人必须具备的人生态度。

机遇相当重情谊,你对它倾心,它也会对你钟情,给你报答。机遇是一种重要的社会资源。它的到来,条件往往十分苛刻,且相当稀缺难得,它并非那样轻易得到。要获得它,需要极大的"投入",才会有"产出",需要高昂的代价和成本,这就是准备相当充足的实力、雄厚的才能功底。

机遇是创造主体主动争来的,主动创造出来的,它绝非上苍的恩赐。机遇是珍贵而稀缺的,又是极易消逝的。你对它怠慢、冷落、漫不经心,它也不会向你伸出热情的手臂。主动出击的人,易捕捉机遇;守株待兔的人,常与机遇无缘,这是普遍的法则。你若比一般人更显出主动、热情的话,机遇就会向你靠拢。

机遇最喜爱善于进攻、有挑战性格的人,并乐意为其"效劳"。

所以,在机遇面前,无疑需要敢于拼搏、锲而不舍的劲头,将自身的能量最大限度地发挥出来。只有勇于战胜那些看似难以克服的困难,才能使机遇发挥出极大的效能。有些人为艰难所折服,就会使已到手的机遇未能得到充分利用,而使机遇付诸东流。

善于捕捉机遇

在追求事业的旅程中,有时稍一疏忽,就地观望,裹足不前,就有可能与机遇失之交臂。美国百货业巨子约翰·甘布士谈到成功的经验说:"不要放弃任何一个哪怕只有万分之一的可能的机会。"西班牙作家塞万提斯则认为:"取道'等一等'之路,常走入'永不'之室。"

机遇是一个美丽而性情古怪的天使,她倏忽降临在你的身边,如果你稍有不慎,她又将翩然而去,不管你如何悲伤叹息,却从此杳无音信,不再复返了。有的人在时机失去后才顿足扼腕,那他只能是个十足的倒霉鬼。而有的人却懂得机遇是稍纵即逝的,因而能及时抓住它,那么,他的一生就能打开成功的通道,心想事成。

机遇,来去匆匆,瞬息而过。抓住机遇的关键是要思维敏捷、及时捕捉,莫让它轻易溜走,以至一失"机"成千古恨。古语说得好:"机会老人先给你送上它的头发,如果你一下没有抓住,再抓就会撞到它的秃头了。"不失时机地、准确地把握机遇，对于一个人，一个单位显得至关重要。

在美国，苹果计算机公司就因未掌握好时机，使广大的市场被微软公司占领，损失十分惨重。1984年，苹果公司推出创新品牌麦金托斯计算机，当时红极一时，成了热销品种。但苹果公司不愿将麦金托斯操作系统出售给制造商，因而无法大范围推广。与此同时，比尔·盖茨的微软公司开发了"视窗"系统，用于IBM公司的计算机，并允许客户购买该操作系统，成功地占领了市场，"视窗"软件自此名声大震。而苹果公司的麦金托斯专利技术，直至1994年9月才姗姗来迟地出售，这时，已引不起开发商们的兴趣。比尔·盖茨总结了一些电脑巨擘抓住机遇复又丢失的教训，决定在全世界范围内将计算机连接起来，形成"网络"、"信息高速公路"，为新一代的天才提供艺术上和科学上梦寐以求的发展条件。善于捕捉机遇造就了这位电脑巨富。

然而，当机遇确实从你鼻子底下溜走时，只顾埋怨自责，乃至消极沉沦是不行的。重要的是，要认识到机会总会有的，错过了一次机会，追悔惋惜无济于事，倒不如心平气和，积聚力量去等待、捕捉机会。昨天的机会虽永远逝去，但新的机会、新的希望仍会不断呈现在你的面前。要知道，太阳落下了还有月亮，春天失去了还有夏天，只要始终不放弃努力，机遇终会向你招手。

要想抓住机遇，还得有持之以恒、锲而不舍的精神。伦琴发现X射线的第二年，英国科学家克鲁克斯十分沉痛地反省自己：他也曾看到了存放在阴极射线管附近的照相板感光的现象，但由于他未紧紧抓住这一机会继续深入研究，使自己与成功失之交臂。

与克鲁克斯相反，伦琴在打开微观世界大门的三大发现之一——X射线课题上一举突破，成为第一个诺贝尔物理学奖金的获得者。

许多人之所以没有获得成功，就是因为缺乏把握机遇、驾驭机遇的敏锐和胆识。而并非是个人的能力和才干稍逊一筹。

成功者，除了基础积累以外，更重要的在于当机遇如蒙面人般地与他擦身而过时，能一眼识别，并紧紧抓住，利用机遇，拓展自己。

眼力不同的人，对同一事物的判断会不同，识别机遇的能力也迥然相异。在美国和英国，各有一家皮鞋公司，各派了一名推销员到太平洋的某个岛屿去开辟市场。他们俩上岛后，都于次日给自己的公司发回了电报。一份的电文是："这座岛上没有人穿鞋子，我明天搭乘第一班飞机回去。"而另一名推销员却在电报中说："好极了，这个岛上没有一个人穿鞋子，我将驻在此地大力推销。"从两者截然不同的电报中可以看出，正是后者特有的悟性，使他看到了希望的机遇，并帮助他拓开了新市场。

苏格拉底曾断言："最有希望的成功者，并不是才华最出众的人，而是那些最善于利用每一时机发掘开拓的人。"我们和机遇结伴而行，机遇往往与我们擦肩而过。抓住机遇的，一举成功；放弃机遇的，悔恨终生。机遇在某种意义上来说，将决定着我们事业的成败。

在人的一生中，机遇可以说是随时存在的。机遇能不能变成你的现实利益，则要看你是不是具有发现它的头脑，捕捉它的目光，抓住它的胆魄，利用它的实力。由于机遇转瞬即逝，没抓住它，就永远失去了。若抓住了一次，就可能造成人生的转机。从寻找到发现、抓获、利用它，是个厚积薄发的过程。只有长期追求、苦心积累，才能真正有所发现，有所收获。因此，将力量的基点放在积累能量，蓄势待发上，则不失为明智之举。

要敏锐地"缠住机遇"

懂得紧紧抓住机遇的人，才有希望摘取成功之果。争取机遇，抓住机遇，就要勇敢地以自己的最佳优势迎接挑战，要力求选择最佳方案，然后见之于行动。必须主动寻觅机遇，要敏锐地"缠住机遇"。

张开双臂欢迎机遇到来，需要以激情和才智，为成功架起通天梯。

寻找机遇，必须睁大双眼，紧紧盯着各种信息。善于抓住信息，并善于运用信息，就在相当大的程度上抓住了机遇。上海有一个初中学生陈丹燕，并非有什么"后台"，却出演了多部电影和电视剧，成为上海青年心目中的"天之骄女"，这就在于她既重视积累，又注意利用信息，抓住了机遇。

小时候，她就喜欢演戏。但在校学习时，没有实践的机会。于是，她平时就多方关注电视新闻、报刊消息。有一次，终于在报纸上看到了招考小演员的消息。大众信息给这个初中学生带来了运气。

善于快抓信息、快速行动的人，显然比不善捕捉信息的人，容易得到机遇。30年代，画家徐悲鸿到南昌度假的消息，为当时在中学做美术教师的傅抱石得知。他不失时机地抓住这一机遇，带上自己的绘画、金石作品面见求师，徐悲鸿阅后，大有相见恨晚之感。他向江西省府主席熊式辉荐举，使傅抱石得到去日本习画的机会，这使一个居于一隅、在困境下奋斗的中学美术教师成为绘画名家。

在寻觅机遇时，有时还得善于推销自己，讲究展示自我才能的策略，以找到适合自身发展的岗位和环境。

电学大师法拉第采取了自我推销连环计，终于找到发展自己的道路。他在当印刷装订工时，听到了在欧洲声名卓著的化学家戴维的学术报告，即将记录的报告内容整理誊清，装入羊皮信封寄给英国皇家学会会长，请求他为自己找一个实验室助手的差使，但却石沉大海。于是，他又装订了一份同样的报告，寄给戴维本人。戴维很是感动，即请法拉第前来面谈。但听到他说最终想当科学家时，戴维婉言相劝说："你年纪不小了，什么教育也没有受过，还是回到装订车间去吧！"法拉第被浇了一盆冷水，不得已与老师告辞。返途中，他突有所悟，又折回向戴维请求："不能收我当实验员就当勤杂工吧！"他的诚恳终于打动了戴维，被允许到实验室当助手，从此，他走上了科学发明的道路。

获得机遇是好事，但是机遇，只是提供了成功的可能性，要真正获得成功，仍然需要百折不挠的奋斗。

美国人比尔·莫莱士中学毕业后，常常心猿意马，这山看那山高。曾换过50次工作。到28岁时，成了一个失业的酒鬼，没有一个姑娘看得上他。后来，他被"押"进一家酒精中毒治疗所。在治疗所里，他依然劣性不改，老给别人惹麻烦，弄得人人怨声载道。有人对他说："你这么讨厌，没有一个人喜欢你。"这句话深深刺痛了莫莱士，从此，他决心戒酒，重新做人。他找到了一份新职业：当推销员。他认识到这是改变他人生的一个机遇。从此，他滴酒不沾，工作专心致志，勤苦奋斗，最终他成为一个有 300 万美元资产的投资公司的老板，并建立了家庭。他认识到，只要充分利用改变人生的机遇，不畏惧艰难挫折的挑战，困境就能出现转机，终会产生不可估量的成果。

不困守于闭塞、偏僻的一隅，走出原有的生活，了解外面的世界，接受新的挑战，必然增加了与机遇见面、碰撞的概率，也一定有利于寻找到个人发展的机遇。

"我制造机会！"

当一个人计划周详，考虑缜密，在多种有利因素的配合下，时机常常会戛然而至，来到你的身边。一个强者，总能创造出契机，常常与机会结缘，并能借助机遇的双翼，搏击于事业的长空。

人不仅要把握机会，更需千方百计，伸长触角，张大触须创造机会。走向成功的人，绝不是一个逍遥自在、没有任何压力的观光客，而是一个积极投入、"执迷不悟"的参与者。善于制造机遇，并张开双臂迎来机会的人，最有希望与成功为伍。积极创造机遇，也正是现代人必须具备的人生态度。

机遇是一种重要的社会资源。它的到来，条件往往十分苛刻，且相当稀缺难得，它并非那样能轻易得到。要获得它，需要极大的"投入"，才会有"产出",需要高昂的代价和成本,这就是准备相当充足的实力、雄厚的才能功底。机遇相当重情谊,你对它倾心,它也会对你钟情,给你报答。但机遇绝不轻易光顾你的门庭,不愿意花费"投入"的人,也绝对得不到它的偏爱与回报。喜剧演员游本昌深有所悟地说:"机遇对每个人都是相等的,当机遇到来时,早有准备的人便会脱颖而出;而那些没有任何准备的人,只能看着机会白白地流失。"

机遇绝非上苍的恩赐,它是创造主体主动争来的,主动创造出来的。机遇是珍贵而稀缺的,又是极易消逝的。你对它怠慢、冷落、漫不经心,它也不会向你伸出热情的手臂。主动出击的人,易俘获机遇。守株待兔的人,常与机遇无缘,这是普遍的法则。你若比一般人更显出主动、热情的话,机遇就会向你靠拢。

机遇最喜爱善拼攻、有挑战性格的人,它最乐意为这样的人"效劳"。所以,在机遇面前,无疑需要敢于拼搏、锲而不舍的劲头,将自身的能量最大限度地发挥出来。只有勇于战胜那些看似难以克服的困难,才能使机遇发挥出极大的效能。有些人为艰难所折服,就会使已到手的机遇未能得到充分利用,而使自己功亏一篑,也使机遇之水付诸东流。

在人才成长过程中,要重视"生产"和"营销"的关系。我们不仅要做一个积极的"生产商",而且要做一个称职的"推销员"。"伯乐"识才是对个人成长有利的机遇,我们要向社会、向同行、向"伯乐"们主动显示自己的才能。世上"千里马"常有而"伯乐"不常有,是因为"伯乐"在明处,而"千里马"潜藏于暗处,而且"伯乐"也受到精力、智慧、时间、地位和信息获得、活动范围等多方面的限制,尽管他们卓有眼力,也难以识尽天下之才。因此,"千里马"就要踏上社会的舞台,到广阔的空间一显身手,拿出自己的成果来,以初步的成果作敲门砖,敲开"伯乐"的家门。古今中外,以推出成果创造机遇、走进成功殿堂的人真是不胜枚举。

机遇的抓获,是一个逐步进行优势积累的过程。从不少成功者的经历看,他们都是创造机遇并充分利用机遇的智者。一开始,他们是一面勤奋地、精心地积累,一面在寻觅机遇。当他们有一定程度的知识,能力功底时,机遇会不期而至。当他们利用实力和机遇取得成绩后,又会遇到质和量更高,更利于自身发展的新机遇。

创造机遇需要一种韧劲,磨劲。需要耐心,当你确定明确的奋斗方向,有坚定的信念,并时时刻刻准备"接纳"机遇时,就有可能得到机遇女神的青睐。

好的条件、有利的境地是机遇,有时不利的条件也是一种机遇。将不幸也作为是一种机遇,是一种积极的人生理念。许多人都是以种种磨难作契机,开拓自己的成功之路的。

做出伺机待扑的姿势

有这样的一个故事,说机遇都是在人们头顶上飞来飞去,有的机遇会一不小心掉下来,砸中某一个人,这个人就是幸运儿,但这种从天而降的机会太小,所以,一个人要想成功,就要学会在机遇从头顶上飞过时跳起来抓住它。这样逮到机遇的机会就会增大。

这个故事很简单,却很能说明问题。毕竟机遇不是满天飞,伸手一抓就是大把的。

所以,要想抓住机遇,必须对头顶的天空保持警觉,机遇也不是整天像馅饼一样从天上往下掉,甚至还要注意别人头顶的天空,一旦机遇出现,就前腿弓,后腿蹬,准备跳起来把机遇抓住。

生活中,许多人不明白这个小故事的含义。听完这个故事后,他们会急切地问:"机遇什么时候会从天上往下掉,会掉在哪里,会不会砸中我……唉,我哪里有这么幸运,要是有一个机遇砸中我,我就不会是这副穷德行了。"这不是怨天尤人么?这不是鬼迷心窍么?讲这个故事,就是为了告诉人们,不要等待机遇"从天而降",而要经常保持对机遇的警觉,等它来临时,跳起来,抓住它。

机遇就是这样,它不折不扣地存在,不管你是否注意到它的存在。它无拘无束地在天空游荡,却总不拒绝那些对机遇贪婪的人的占有。你心中的机遇是什么样的影像,天空就存在什么样的机遇。所以,机遇也在你心中,它是你对人生的一种态度。你跳起来时,你心中的机遇,会把天空的机遇拉过来。等你落地时,你会欣慰地说:"看,我抓住的这个东西,就叫做机遇。"心听到后,对你笑笑说:"它就是你的。"有的人只用机遇阐释成功,他们习惯于把所有人的成功都归结为"他只不过是幸运罢了"。他们有时还会假设种种自己如遇上那种机遇会如何如何,这种人,根本不相信自己,不相信自己能遇得上机遇,更不相信自己能凭本事抓住机遇。他们只相信自己配得上"运气",可是,命运却总是捉弄他们，让他们一次次看着别人的"幸运"，在一旁赞叹、评论、讽刺、诋毁、嫉妒。

其实，这种人，是平凡的人。他们的生活方式、思考方式，没有一点值得责怪和批评的地方。因为，这种人自甘平庸，既然他们为自己选择了平庸，别人又有什么理由去责怪他们自甘平凡、自甘平庸，而不去努力为自己寻找机会和创造机会以求得成功呢？

"没有例外就没有规则。"倘没有特殊的人，这世界便没有了生气。就在此所论，特殊的人，是指那些"不甘平凡，不甘平庸"，看着别人的成功和"幸运"，在摩拳擦掌，跃跃欲试的人。这种人，总的说还算"有梦想"，"有信念"，"有目标"，但这些，都需要矫正，他们的梦想是不劳而获，撞狗屎运，是天上掉下馅饼来，是摸福利彩票抓到富康车加五十万元人民币。他们的信念，就是即使在梦中，他们都会惦记着自己的"梦想"，并且在这时让它变成"现实"，他们甚至在梦中还流着口水，他们的目标，就是等待，等待上天赐予他们的一切。他们相信，上帝爱人，他们还相信，那些"富人"、"有权势的人"，都会遭报应，当然，所有这些病态的东西，都源于一种情感，这种情感就是羡慕（在更多人来说，是嫉妒）。

"临渊羡鱼，不如退而织网。"机遇就是这样，它到处游荡，在人们头顶飞旋，有的人，认为头顶上飞来飞去的东西是机遇，然后跳起来去抓一把，抓了几把后，一不小心抓到了一个，还真的是机遇；有的人，认为头上飞来飞去的东西是机遇，也跳起来抓，抓了几次没抓到，就放弃了，不再抓了，改看别人抓；有的人，认为头上飞来飞去的东西是机遇，抓了几次没抓到，就先去练跳高，等跳得足够高了，再来抓；有的人，认为头上来去的东西不是机遇，它们好讨厌，砸了哪个人一下，哪个人就发了，出息了，可砸到他们头上的，却是一堆狗屎；有的人，根本不抬头看天，可造化捉弄人，不知哪天机遇竟从天而降，这种机遇，虽有屎味，却也富含运气，这种被砸到的人，就是幸运儿。这世界上，第四种人和第二种人最多。第五种人最少，因为机遇不是阳光、细雨、和风，连上帝都得省着点用。第一种人，是成功人士中的大多数。第三种人是最值得敬佩的，因为，他们对机遇，是虔诚的。

站在机遇面前，你是哪种人？如果你是自己认清机遇，去抓住机遇的人，你的成功的概率就会大一些。

过度谨慎：最容易失去成功机会

那种活得过于仔细的人，他们往往借口条件还不具备，不肯轻易付诸行动，因而坐失了很多良机。

也许你听过这个笑话：

"昨天晚上，机会来敲我的门，当我赶忙关上报警器，打开保险锁，拉开防盗门，它已经走了。"

这个故事的寓意是：如果你活得过于仔细，你就可能错失良机。

吉恩快40岁了，他受过良好的教育，有一份安定的会计工作，一个人住在芝加哥，他最大的心愿就是早点结婚。他渴望爱情、友谊、甜蜜的家庭、可爱的孩子以及种种相关的事。他有几次差点就要结婚了,有一次只差一天就结婚了。但是每一次临近婚期时,吉恩都因不满他的女朋友而作罢(那就是说,在犯下恐怖的错误之前还来得及补救)。

有一件事可以证明这一点。两年前吉恩终于找到了梦寐以求的好女孩。她端庄大方、聪明漂亮又体贴。但是,吉恩还要证实这件事是否十全十美。有一个晚上当他们讨论婚姻大事时,新娘突然说了几句坦白的话,吉恩听了有点懊恼。

为了确定他是否已经找到理想的对象,吉恩绞尽脑汁写了一份长达4页的婚约,要女友签字同意以后才结婚。这份文件又整齐,又漂亮,看起来冠冕堂皇,内容包括他所能想象到的每一个生活细节。其中有一部分是宗教方面的,里面提到上哪一个教堂、上教堂的次数、每一次奉献金的多少;另一部分与孩子有关,提到他们一共要生几个孩子、在什么时候生。

他把他们未来的朋友、他太太的职业、将来住哪里以及收入如何分配等等,都不厌其烦地事先计划好了。在文件结尾又花了半页的篇幅详列女方必须戒除或必须养成的一些习惯,例如抽烟、喝酒、化妆、娱乐等等。准新娘看完这份最后通牒,勃然大怒。她不但把它退回,又附了一张便条,上面写道:"普通的婚约上有'有福同享,有难同当'这一条,对任何人都适用,当然对我也适用。我们从此一刀两断!"

吉恩先生还委屈地说:"你看,我只是写一份同意书而已,又有什么错?婚姻毕竟是终身大事,你不能不慎重行事啊!"

吉恩真是大错特错。他可能过分紧张,过度谨慎,但不论是婚姻,或是任何一件事情,你都不能过分吹毛求疵,以免你所定的每一种标准都偏高了。吉恩先生处理问题的做法，跟他对工作、积蓄、朋友的交情，甚至每一件事情都很相像。

席第先生的经历也很有代表性，他不满现状，但他一定要等到万事俱备以后才去做。第二次世界大战之后不久，席第先生进入美国邮政局的海关工作。他很喜欢他的工作，但5年之后，他对于工作上的种种限制、固定呆板的上下班时间、微薄的薪水以及靠年资升迁的死板人事制度（这使他升迁的机会很小），愈来愈不满。

他突然灵机一动。他已经学到许多贸易商所应具备的专业知识，这是他在海关工作耳濡目染的结果。为什么不早一点跳出来，自己做礼品玩具的生意呢？他认识许多贸易商，他们对这一行许多细节的了解不见得比他多。

自从他想创业以来，已过了10年，直到今天他依然规规矩矩在海关上班。

为什么呢？因为他每一次准备搏一搏时，总有一些意外事件使他停止。例如，资金不够、经济不景气、新婴儿的诞生、对海关工作的一时留恋、贸易条款的种种限制以及许许多多数不完的借口，这些都是他一直拖拖拉拉的理由。

其实是他自己使自己成为一个"被动的人"。他想等所有的条件都十全十美后再动手。由于实际情况与理想永远不能相符，所以只好一直拖下去了。他的理想也就成了空想。

具有过度求稳心理的人常常会失掉一次次获得财富的机会，所以人生就应当抓住稍纵即逝的机会，过度的谨慎就会失去它。

我们知道，这种过度求稳的心理，并不能给人带来真正的安全感。

在瑞典，政府告诉每一位公民，政府会终身照顾他们。虽然圣经中清楚地教我们不劳动者不得食，可是许多瑞典人却相信，政府有义务养他们。大体上真是如此。任何公民到医院看病时，都不必付账，由政府代付。婴儿出生时，政府会付账，并供养母子。如果收入不足以维持最低的生活，政府也会给予补助。

有了这种绝好的安排，瑞典应该是最快乐的民族了，你说是不是呢？可是，瑞典除了有西方国家最复杂的税收制度外，还有增长最快的少年犯罪率、急速增加的毒品问题和最高的离婚率。所有这些，还要加上瑞典老人的问题。瑞典退休的老人在西方国家中有最高的自杀率。

真正的安全是现在的工作，这种安全无法给予或提供，必须由自己来争取。

字典上指出，安全是免于风险与危险的自由，免于疑惑或恐惧的自由，不是焦虑或未确定等。麦克阿瑟将军说："安全是生产的能力。"为自己的需要努力生产而获得自尊与自信的人，总是比将问题留给别人去解决的人，来得安全。

工作带来比生活所需更多的东西，它把生命给了我们。任何人只有在能供养自己并贡献于他人时，才能感到真正的快乐。

此话说得太对了。

我们都知道，在职者比失业者更容易找到比较好的工作。失业很久的人，就更不易找到好工作了。

大部分人共同存在的一个问题，就是对工作过分挑剔，一直在寻找完美的工作或雇主，可是他们并不自知他们不是完美的员工。许多人过分强调工作应当能提供成就、假期、病假与退休。对于已经有工作，且做得相当好的人而言，这个要求并不过分；而没有工作的人，一开始便如此要求，似乎野心过大。

你至少要先起步，才能到达高峰。一旦起步，继续前进便不太困难了。工作越是困难与不愉快，越要立刻去做。你等得越久，就变得越困难，越可怕，有点像第一次站在游泳池的跳板上准备跳下去一样，你等得越久，跳水的机会就越渺茫。

命运无常良缘难！在我们的一生中，每人都有良机佳遇的到来；但总是一瞬即逝。我们当时不把它抓住，以后就永远失掉了。

拖延往往会生出悲惨的结局，凯撒因为接到了报告没有立刻展读，遂致一到议会便丧失了生命；拉尔大佐正在玩牌，忽然有人送来一个报告，说及华盛顿的军队，已经开进到拉华威，他将来件塞入衣袋中，牌局完结他才展开那报告，他立刻调集部下、出发应战，但已经太迟了，结果全军覆没，而他本人也以身殉国，仅仅是几分钟的延迟使他丧失了尊荣、自由与生命！

应该就医而拖延着不去就医，以致病情严重而丧失生命，这样的人为数不少吧！

习惯之中足以误人的无过于拖延的习惯，世间有许多人都是为此种习惯所累而陷入悲境。拖延的习惯，最能损害及减低人们做事的能力。

你应该极力避免拖延的习惯，像避免一种罪恶的引诱一样。

假使对于某一件事，你发觉自己有着拖延的倾向，你应该直跳起来，不管那事怎样的困难，立刻动手去做不要畏难、不要偷安；这样久而久之，你自能扑灭那拖延的倾向。

应该将"拖延"当做你最可怕的敌人；因为他要窃去你的时间、品格、能力、财富与自由，而使你成为他的奴隶。

强化机遇意识，走上成功之路

要善于抓住机遇，就要有充分的耐心等待机遇，迎接机遇的到来，在这一过程中，个人的机遇意识就显得尤为重要，因为机遇意识强的人在机遇到来时就能敏捷地抓住机遇，进而实现自己人生的飞跃。

机遇有相当了不起的力量，它能让一个名不见经传的潜人才跃居为璀璨的明星。有时也会让一个人起死回生，走向辉煌。

美国著名的盖普洛国际咨询中心对一些成功者进行了连续20年的追踪调查，并以此为基础，作出了成功者要素的分析报告，该报告指出，善于抓住机遇被列于成功要素的第二位。

我国JR人才调查中心，在对当代中国近500位名人的成功实践调查后，对各种因素作用的大小，作用时间的长短，在各行业中适用的广泛程度等进行比较得出：下列9种因素在人才成功中起重要的作用，按顺序排列如下：

①抓住机遇；②功底与才华；③信念；④敬业精神；⑤特殊个性；⑥承受力；⑦人际关系；⑧善于表现自己；⑨口才。

从调查中发现，抓住机遇的能力是一个人取得成功的关键性、决定性因素，是各种素质的核心素质。机遇最能使你的才干得到充分的发挥，也最能增长你的才干。机遇，是一种最为重要的客观因素，它是人才取得成功的催化剂。

在走向成功的道路上，机遇作为外在环境，可分为大机遇：即时代机遇，历史性机遇，社会需要、社会发展的机遇；小机遇：即偶为伯乐发现和提携，友人相助，求职、确定奋斗方向时遇到某一方面的新需求、竞赛获奖等契机。

一个奋进者，必须要有强烈的机遇效益意识。在成才的跋涉中，不能不考虑对你投入的时间和精力进行"成本核算"。有时，失去一次机遇，有可能导致你几个月、几年，甚至整个生命的白白流失。一次机遇丧失，酿成千古遗恨的事是常有的。

对于渴望成功的人，做一个开拓机遇、捕捉机遇进而成为发掘机遇潜能、高效运用机遇、驾驭机遇的高手。提高机遇的利用率，善于将机遇发挥到最大值，实现运用机遇的最佳化，确是成功方略的重要组成部分。

机遇的出现虽有偶然性，但多数情况下，又有其发生的必然性，它是社会发展过程中多种因素交互作用的必然结果。机遇的来临，个人对机遇的把握等也有内在规律可循。

在机遇与成功的关系上，大致会有三种情况：第一种是有的人主动创造机遇，拓开了全新的领域，并在这一领地上大展宏图，功成名就；第二种是顺应了机遇，而获得成功；第三种是差不多无意识地抓住机遇，而走上成功之路。

创造机遇重在具有与众不同的思维方式，具有灵气，具有创新意识。

在你不经意的一个念头或设想里，也许蕴藏着一个机遇与一笔巨大的财富。

我们生活的商品经济社会越来越发达，越来越兴旺，在人们的脑海中，创富、发迹的观念和愿望也变得越来越强烈。

在工作、在社交、在日常生活的活动中，你也许就会突然冒出赚钱的念头和设想，而这些念头和设想，有的兴许就真的能使你致富发迹。

遗憾的是，尽管你的念头或设想一个接一个，可你从来就没能把它们当作一回事，也从来没有认真实践过。

事实上，有的念头和设想，真可能行之有效。如果你能抓住它，不让它在你的头脑里只是昙花一现，情况也许就大不一样。

通常来说，我们很多的赚钱机遇，都是来自这种不经意的，有时是来自突然冒出来的念头和设想中。比如，受某种外界的刺激，在你的头脑中突然产生某种念头，例如对某个项目的投资，或者是搞一次什么经营，也说不定能赚钱。问题是这些念头或设想到底有多大实现的可能性，它一旦在你脑海中闪现出来，就不妨作出可行性判断，并努力去实践一下，不要让它变成没有多大意义的空想。

当然，也有人例外，他们在经年累月的思考后，产生出一个完善的构想，并把它变成自己行动的周密计划，然后待时机成熟，将其付诸实现。但经验证明，大部分的人都是在日常生活中，意外地得到赚钱的灵感，并善于捕捉这种灵感而发迹的。

然而，这些不经意的念头和设想，就像是浮在水面上的泡沫，一不留心，便会消失。这是件非常可惜的事。

有时，一个设想和念头会突然灵光一现，很快就消失得无影无踪了。借着随手记笔记的习惯，你才能将灵感毫无遗漏地保存下来。即便是有的念头在今天看起来还是天方夜谭，明天，也许就会美梦成真。

再次向你强调：一有新念头和设想，就马上把它记下来，你将受益终身。

当然，有时候有了什么新的念头和设想，一时没法记下来。比如，你在车上或者没有纸笔。如果念头不错，为免遗忘，可在脑子里有意识地记忆下来，利用睡前几分钟，将今天所做的事重新回想一遍，再认真记下它，在记录过程中也许会产生更好更完整的构想。因此，记录本身也是一个完善构想的过程。

但是创造机遇有个基本点，即你不能去研究那些大而无用的东西，你必须知道别人想要什么，这样的工作才有用处。你想钓鱼就必须要知道鱼儿想吃什么。

一个人抓住了机遇，就能把握住有价值的生命。在知识经济时代，有志者腾飞的机遇、创新的机会或成功的契机，往往有更大的冒险性、瞬时性，机遇极易化为过眼云烟。因此，必须以坚毅果断、义无反顾的姿态，当机立断，捕捉机遇，千万不要迟延和等待，更不可优柔寡断。

篇三

敢突破：
克服面临的一个个难题

懦弱者常说："唉，怎么干一件事情这么难啊？老天，可怜可怜我吧！"请你别笑，在失败的个案中，这种人满眼皆是，令人伤悲。但对强者来说，他们最喜欢"突破"一词，把每次突破都视为人生的一次成功，并且还主动去寻找突破口，以便让自己的事业更上一层楼。这就叫敢作敢为！

第五章
谋事之心：学习古代强者做事之计

　　强者的声音不一定大，但心力巨大；强者的外表不一定装势，但在管子里都有一根筋。

借人之势收拾战场

　　在现实生活中，"借人之势"一计普遍运用，其意是诱导同行或朋友之力战胜对方，以保存自己实力。这是"损下益上"求胜之法，即自己退避起来，借自己以外的人、事和物而达到自己的目的。如借"名人效应"及借助各式各样的机会来使自己有所作为。借势而起，说的就是借人之力来达到自己的目的，面对强大的对手，应该学会借人之势来镇住他，打掉他的张狂样儿。

　　"万事俱备，只欠东风"，这句话的意思是指天时、地利，是指机会。

在处事做人过程中，看准机会，抓住时机，借助于现有条件或现成的机会以达到目的的做法，就是"巧借东风"的妙用。

"巧借东风"与"借梯登高"有相同之处，都是借助于外部条件获得成功，但二者又不尽相同。"借梯登高"强调的是借助于他人之力而达到目的，重要的是自己创造机会；而"巧借东风"强调的是借助于外物，如自然条件、金钱等物质条件，便于利用现成的机会以达到目的。

嘉庆四年（1799）正月初三日，一个预料中的事件终于发生了。太上皇乾隆终于走完了他的人生历程，以八十九岁高龄病逝于养心殿，从而结束了乾隆时代。对于这位"十全老人"的安详逝去，朝野官员和平民百姓的反应是平静的，"皇城之内，晏如平日，少无惊动之意，皆曰此近百岁老人常事。且今新皇帝至孝且仁，太上皇真稀古有福之太平天子云"。而对于嘉庆来说，心情自然是矛盾的，一方面，作为一个孝子，丧父毕竟是不幸的；另一方面，作为一个嗣皇帝，却从此得以亲政，放开手脚去施展自己的抱负，按照自己的意愿去处理军国大事，这无疑又是不幸中的幸事。对此他也早有思想准备。

正月初四日，也就是乾隆病逝的第二天，嘉庆即命夺去乾隆宠臣和军机大臣和九门提督两职，只命他与福长安一道守值殡殿。这实为惩处和珅做准备。据朝鲜使者徐有闻说："正月初四日，既削和军机大臣、九门提督等衔，仍命与福长安昼夜守直殡殿，不得任自出入。又召入大学士刘墉、吏部尚书朱。朱为中伤，方巡抚江南。"

与此同时，嘉庆以上谕的形式，对乾隆年间的历史功绩进行了评价，其中说：

我皇考临御六十年，天威远震，武功十全，凡出师征讨，即使是边远的部落，无不立即荡平。再如内地乱民王伦、田五等，偶尔捣乱一下，也不过是数月之间，即就消灭，虽有经历数年之久，浪费粮饷至数千万两之多者，皆由带兵大臣及将领等全不以军务为事，只想着玩兵养寇，借以冒功升赏、寡廉鲜耻、损公肥私。即使是在京中的谙达、侍卫、章京等人，遇有军务事件，无不设法前往。而当他们从军营回京时，即使是平日里号称穷乏的官员，家计也是马上富裕，往往托词请假，并非实有祭祖省墓之事，不过是用所蓄之资，回家乡添置产业。此皆朕所深知。可见各路带兵大员等有意拖延，皆蹈此借端牟利之积弊。

  试想一下，肥私之资财，无不是勒索地方所得，而地方官吏之索取又何止二次？而且他们每次奏报打仗情形，小有所获，即虚报战功，纵然受挫打败仗，也总是千方百计地掩饰罪过，并不据实陈奏。推测他们的意思，总以为皇考年事已高，所以只将吉祥的话语入告。但军务关系紧要，并不容人稍有掩饰。他们历次奏报说斩贼数千名至数百名不等，有何证验？也不过是任意虚捏而已。如果稍有失利处，尤其应当据实奏明，以便指示机宜。似此掩败为胜，岂不贻误重事？军营积弊，已非一日。朕综理庶务，综名核实，止以人和年丰，平贼安民为上端，而于军旅之事，信赏必罚，尤不肯稍从假借。特此明白宣谕：各路带兵大小各员，均当洗心革面，力图振奋，务于春令前一律剿办完竣，绥靖地方。如果仍旧蹈袭欺骗掩饰、怠玩故辙，超过此次定期，也只好按军律从事。言出法随，不要以为幼主可欺。

  这道上谕，实则揭露和专权下的种种积习流弊，无疑是对和的棒喝。结合当日剥夺和军机大臣、九门提督职务，明眼人不难看出嘉庆有意拿和开刀，故给事中王念孙和御史广兴等纷纷上奏弹劾和的种种不法行为。

据载,当时参与除掉和珅的只有几个人,而刘墉则是其中之一。又据《随园诗话补遗批语》称,乾隆为太上皇时,刘墉不敢与和珅正面交锋,太上皇死后,刘墉"从而排挤之"。

正月初八日,嘉庆针对和珅长期把持军机处,任意封锁消息、扣压奏报的情况,上谕指出:

内阁、各部院衙门文武大臣,及直省督抚、布政、按察二司,凡有奏事之责者,及军营带兵大员等,以后有陈奏事件,都应直达朕前,不许另有副封奏报军机处。各部院文武大臣,也不得将所奏之事,预先告知军机大臣。即如各部院衙门奏章呈递后,朕可即行召见,面为商酌,各交该衙门办理,不关军机大臣指示也。何得预行宣露,至启通同扶饰之弊耶?

同时,嘉庆以御史弹劾为根据,宣布夺大学士和珅、户部尚书福长安职,下狱治罪,特命仪亲王永璇、成亲王永瑆前往宣旨,由武备院卿、护军统领阿兰保监押以行。并命永璇总理吏部、成亲王永瑆总理户部及三库,从而为诛除和珅做了组织方面的准备。十一日,嘉庆为和珅问题特发上谕指出:

朕亲承付托之重,此时突遭皇考去世大故,守孝之中,每思《论语》所说三年无改之义,如我皇考敬天法祖,勤政爱民,实心实政,四海内外,人所共知,方将垂示万年,永为家法,何止三年无改?至皇考所简用的重臣,朕断不肯轻易更换,即使有获罪者,稍有可宽恕的地方,无不想法予以保全,此确实是朕的本意,自必仰蒙皇考明鉴……今和珅罪情重大,并经过科道诸臣列款参奏,实有难以宽恕之处。所以朕于恭颁遗诏之时，即将和革职拿问，胪列罪状，特降谕告知大家。

接下来便是发交各省督抚进行议罪。

各省督抚中，从前与和关系密切者巴不得赶快与之脱去干系；看不惯和所为者更是随声而起讨伐，纷纷要求将和凌迟处死。如直隶总督胡季堂上奏说："和丧尽天良，非复人类，种种悖逆不臣，蠹国病民，几同川楚贼匪，贪黩放荡，真一无耻小人，丧心病狂，目无君上，请依大逆律凌迟处死。"虽对比不当，但处死和的建议却颇合嘉庆心意。几天后，和被赐令自尽。

不妨总结如下：在处事做人过程中，借助于现有的条件和现成的机会而一举成功，是很不费力气的事情。运用这一妙计的诀窍在于以下两点：

（1）机不可失，即首先要抓住机会。机会是难得的，故此才有切勿坐失良机的劝世良言。像赤壁之战中的曹军，就是由于没抓住机会，再没有胜利的希望了。所以，要想不失去机会，就应当在机会失去之前，仔细观察分析，随时做好准备。

（2）巧借东风，即知晓机会，随时巧妙地加以把握。一直想当元帅的拿破仑，发现借助约瑟芬的力量可以争得远征埃及的机会，他便紧紧地把握住了这一时机，此举为他日后建功立业乃至为法兰西帝国奠定了坚实的基础。

一个人的力量总是有限的，要想取得事业的成功，就应该善于借助各种有利条件，为我所用，从而增强自己的实力，为最后的成功奠定基础。

计策比箭还厉害

与对手过招，切忌靠蛮力，要靠计策——充分摸透对方心思，把劲用到关键处。自古以来，有计胜无计，大计胜小计。所以有人认为，计策比箭还厉害。成大事者善于谋计用计，关键是他们知道计的厉害性。

有计策者胜无计策者，这在春秋战国时期的群雄争霸中都得到了精妙的演绎，有许多故事脍炙人口。

公元前496年，越王允常去世，其子勾践即位。吴王阖闾不顾大臣伍子胥等人的劝阻，趁勾践举丧之机带兵攻打越国，越王勾践亲自带兵迎战。越王一看吴军阵容严整，无法冲击，就派了30多名死囚犯，让他们光着膀子，一排排地走到吴国军队前说："我们的大王得罪了贵国，就请我们替大王赎一点罪吧！"说完一个个砍下了自己的脑袋，倒地而死。吴军正在疑惑之际，越军突然发起冲锋，吴军大败，吴王阖闾也被越将砍去了一个脚趾，在回国的路上因伤势过重而死。

夫差继承了王位，他发誓要报杀父之仇，让一个人专门负责提醒他，每天向他高喊几次："夫差，你忘了越王杀死了你的父亲吗？"夫差流着眼泪大声回答："不敢忘，不敢忘。"就这样过去了三年，夫差发兵越国，前去复仇。吴国首先在太湖上消灭了越国的水军，越王勾践逃到了会稽山，不得已勾践派人到吴国讲和。得到夫差的同意后，勾践留下文种在国内维持，自己带了夫人及范蠡等人来到吴国侍奉吴王夫差。吴王让勾践夫妻俩住在石屋里给他管理马匹，范蠡做一些奴仆的工作。每当夫差上街的时候，勾践总给夫差牵着马，任人指点讥笑。三年后的一天，夫差生病，勾践扶他去大便，大便过后，勾践对夫差说："刚才我尝了大王的大便，又观其颜色，知道大王的病气全排泄下来，您的病不久就会好的。"果然，不几天夫差的病真的好了。夫差很受感动，又看勾践百依百顺，就放他们回国去了。

勾践一回国，为了不忘耻辱，他把自己的居室里铺上干草，以做被褥，在门口悬挂着一枚苦胆，每天吃饭前尝一尝。一天勾践同大臣文种商量富国强兵以灭吴国的方法。文种说出了七条灭吴计策，其中一条就是送美女给吴王，诱其荒淫无道。勾践依计而行，让范蠡去找美女。范蠡说："我早就替大王找到了，她名叫西施，是越国出名的美人，她甘愿以身事吴，为国捐躯。另外我还给她找了一个帮手叫郑旦，她们一定能完成大王的使命。"于是，勾践就派人把西施和郑旦送到了吴国。

西施和郑旦来到吴国，夫差一见她们的美貌即刻着迷，从此整天沉醉于美女怀中，不理朝政之事。一年后郑旦病死，吴王更加宠幸西施了。西施知道，只靠色相迷住吴王是不行的，还得力争在参政中寻找机会祸乱吴国。一天，当吴王陪着她玩兴正浓时，西施乘机对吴王说："英雄好汉不应该终日陪伴我们，应当驰骋疆场，为国争光。"吴王夫差听了西施的话，不禁肃然起敬。时值北方的齐国和鲁国正在交战，吴王夫差想显显威风，就帮着鲁国打齐国。结果齐国一片混乱，齐国的大夫杀了齐悼公，向吴国求和，愿意年年进贡。吴王没想到听了西施的话后能旗开得胜，这使他颇为得意，也就更加喜欢西施了。

有一年，越国为了掏空吴国的国库，勾践派大夫文种到吴国借十万石粮食。吴国的大臣们议论纷纷，在议而未决的时候，吴王就去问西施。西施旁征博引地说了一通，吴王十分佩服，当时就答应借粮食给越国。

第二年，越国如数归还了粮食，并都是颗粒饱满的稻谷。夫差下令把这些稻谷全部做种子种到地里。其实，越国已经把这些稻谷蒸煮过了，吴国人种上后，迟迟不发芽，再补种已经误了农时，结果这一年吴国几乎颗粒未收。勾践想掏空吴国国库的计划逐步得以实现。

勾践的富国强兵，待机攻打吴国的图谋被伍子胥知道了，多次劝谏吴王早做提防，但吴王不听，并借机疏远了他。西施深知伍子胥的利害，虽然暂时被吴王疏远，只要不杀死他，就有复出的机会，那将对越国极为不利，她决心借此机会杀掉伍子胥。西施对夫差说："伍子胥是什么人，他连自己的国家都想灭，连楚平王的尸首都要用鞭子抽，难道还会怕什么人吗？伍子胥主张灭掉越国，我也是个越国人，请大王先把我杀了，要不，就不能留着伍子胥。"说着说着，西施的心口痛病犯了，表现出极其难过的样子。吴王夫差被西施这一番话说得下了决心，立即决定赐伍子胥金镂剑令其自杀，西施终于帮助越国除去灭吴的一大障碍。西施见到伍子胥已经除掉，又鼓励吴王北上逐鹿中原，争夺霸权，目的是进一步消耗吴国的人力、物力和财力。夫差又听信了西施的话，于公元前484年动用大量民工，消耗无数财力贯通长江、淮河、泗水、沂水、济水等几大水系，以致从吴国坐船即可直达齐、鲁一带。不多久，吴国的国力就已衰败不堪了。

公元前478年，越国趁吴王夫差北上争霸，国内大旱的有利时机，举大兵伐吴，这时吴国已难以抵挡越军的攻势，吴王只得退守姑苏城。越国采取了长期围困的战术，公元前473年，姑苏城破，吴王自杀，全国土地被越国据为己有。曾多年称霸南方的吴国最终中了越国的美人之计，导致灭亡。

想惩治你，攻打你，我不直接和你对抗，不正面交锋，不明火执杖，而用另一种方法，暗使手段，迎合你，腐蚀你，软化你，最终除掉你。这是谋术的精髓所在。越国选送美女西施给吴国，以此消磨其斗志，然后乘机灭之。越国之所以能转败为胜，由弱变强，就在于他们巧用谋术，掌握了谋术的精髓之所在。

但是，从另一方面来看，为人处事必须警惕对手扔给你的糖衣炮弹，如果只贪图眼前的这么一小口甜味，那么你的命运恐怕就要步吴王夫差的后尘了。

不管怎样，只要有计策在手，你就可以带着目的去做事。没有计策，只能是下出太多的臭棋！

试一试谁更隐蔽

隐蔽是一种智慧。怎样才能隐蔽自身而又巧妙地达到目的，在某种程度上讲，双方都在试比斗智，你如同棋手一样，每一盘棋总有胜负。

（1）隐蔽策动术

周赧王五十五年（公元前260年），秦军大举北进，进攻赵国。老将廉颇率赵兵迎敌，秦、赵两军相持于长平。秦兵虽然勇武善战，怎奈廉颇行军持重，坚筑营垒，等待时机与变化，迟迟不与秦兵决战。这样一来，两军相持近两年，仍难分胜负。秦国君臣将士个个焦躁万分，却又束手无策。秦昭王问计于范雎，说："廉颇多智，面对秦军强而不轻易出战。秦兵劳师袭远，难以持久，战事如此久拖不决，秦军必将深陷泥淖，无力自拔，为之奈何？"范雎早已清醒地认识到问题的严重性，作为出色的谋略家，他很快找到了问题的症结。他对赵国文臣武将的优劣了如指掌，深知秦军若想速战速决，必须设计除掉廉颇。于是，他沉吟片刻，向昭王献了一条奇妙的反间计。

范雎遣一心腹门客，从便道进入赵国都城邯郸，用千金贿赂赵王左右亲近的人，散布流言道："秦军最惧怕的是赵将赵奢之子赵括，年轻有为且精通兵法，如若为将，恐难胜之。廉颇老而怯，屡战屡败，现已不敢出战，又为秦兵所迫，不日即降。"

赵王闻之，将信将疑。派人催战，廉颇仍行"坚壁"之谋，不肯出战。赵王对廉颇先前损兵折将本已不满，今派人催战，却又固守不战，又不能驱敌于国门之外。于是轻信流言，顿时疑心大起，竟不辨真伪，匆忙拜赵括为上将，赐以黄金彩帛，增调20万精兵，前往代替廉颇。

赵括虽为赵国名将赵奢之子，确也精通兵法。但徒读经文书传，不知变通，只会坐而论道，纸上谈兵，而且骄傲自大。一旦代将，立即东向而朝，威临军吏，致使将士无敢仰视。他还把赵王所赐黄金、财物悉数藏于家中，日日寻思购买便利田宅。

赵括来到长平前线，尽改廉颇往日约束，易置将校，调换防位，一时弄得全军上下人心浮动，紊乱不堪。范雎探知赵国已入圈套，便与昭王奏议，暗派武安君白起为上将军，火速驰往长平，并约令军中："有敢泄露武安君为将者斩！"

这白起是战国时期无与伦比的久经沙场的名将，一向能征惯战，智勇双全。论帅才，赵括远不能与白起相比；论兵力，赵军绝难与秦兵抗衡。范雎之所以秘行其事，目的就是使敌松懈其志，以期出奇制胜。两军交战，白起佯败，赵括大喜过望，率兵穷追不舍，结果被秦军左右包抄，断了粮草，团团围困于长平。秦昭王闻报，亲自来到长平附近，尽发农家壮丁，分路掠夺赵人粮草，遏绝救兵。赵军陷于重围达46天，粮尽援绝，士兵自相杀戮以取食，惨不忍睹。赵括迫不得已，把全军分为四队，轮番突围，均被秦军乱箭击退，赵括本人也被乱箭射死。

长平一战，秦军获得了空前的胜利，俘虏赵兵40万，除年老年幼者240人放还外，其余全部坑杀。这次战役，秦军先后消灭赵军45万，大大挫败了雄踞北方的赵国的元气，使其从此一蹶不振。战后，秦军乘胜进围赵都邯郸。虽曾有赵国名士毛遂自荐，赴楚征援，又有魏国信陵君窃符救赵，也只能是争一时之生存，无法挽回赵国败亡的厄运。

长平之战，在秦国历史上具有划时代的意义。秦与关东六国的战争，如果说秦惠文王时还处于战略相持阶段的话，至此则进入了战略的反攻阶段。

范雎利用赵王已对廉颇"坚壁"不出战大为不满而出现的"裂缝"，巧施隐蔽策动术，致使其"缝隙"增大。终于用无能之辈赵括换掉了多智多谋的廉颇，取得了长平之战的胜利。

（2）隐蔽造隙术

在楚汉战争最激烈的时刻，汉王刘邦听从陈平的计策，趁项羽伐齐之乱，率领50万大军攻占了项羽的巢穴彭城。进驻彭城之后，刘邦耽于酒色，一味享乐，又自恃兵多，麻痹轻敌，放松戒备；加上汉军号称50万，却多是临时归顺的诸侯军，联盟不牢，军心不齐。项羽听了从彭城逃出来的虞氏兄妹哭诉后,立即命大将龙且和钟离眜带20万人马平定各国,自己带范增、项庄、季布、桓楚、虞子期等大将率3万精兵回师彭城,杀得汉军猝不及防。联盟解体,汉军死伤20余万,刘邦带着少数残兵落荒逃到荥阳城,结果又被乘胜追击的楚军团团地围在城内达一年之久。刘邦请求献荥阳以西以求和,项羽又不允,面对这危机的形势,刘邦情绪低落,沮丧地对陈平说:"天下纷纷扰扰,何时可得安宁?"

陈平见刘邦向自己问计,便胸有成竹地说:"主公不必忧虑,眼下情势正在发生变化。只要主公扬长避短,天下顷刻可定。"刘邦欲问其详,陈平道:"项王主要依靠范增、钟离眜、龙且和周殷几个人。主公如能舍得几万斤黄金,可施反间计,使他们君臣相互猜疑。项羽本来就好猜忌信谗,必然引起内讧而互相残杀。到那时,我军乘机反攻,势必破楚。"刘邦深以为然,便给陈平4万两黄金,任其支配。

陈平于是就开始用这笔钱积极在楚军中施行他的反间计。他一面派使者入楚,致书项羽,一面又用重金收买一些楚军将士,让他们四处散布流言蜚语,说范增、钟离眜等大将为项王带兵打仗,功劳很多,却始终得不到项王分封土地给他们,也得不到侯王的爵号,他们心里有怨气,打算同汉军联合起来,去消灭项氏,瓜分项氏的土地而自立为王。

项羽见过汉王的求和书信,自然不肯答应。但对那些流言,却疑心顿生,于是便派使者进城探听虚实。

楚王使者进入荥阳城,陈平带人列队出迎,并把使者请进客厅,摆下丰盛的酒席。陈平假意作陪,殷勤问道:"范亚父派贵使前来有何见教?范老先生和钟离将军一切都好吧?他们有书信吗?"楚使者被问得莫名其妙,不知如何回答,只好说:"我乃霸王亲遣的使者,如何有范老先生和钟离将军的信札?"陈平听罢,故意皱起眉头说:"噢!原来你不是范老先生和钟离将军派来的……"陈平说罢,白了楚使一眼,刷地放下手中的酒杯,站起身大步走了出去。使者看着这一切,心里十分纳闷,正在发愣,进来一些侍从,七手八脚就把满案饭菜撤掉了。一会儿,进来一个侍女给他换上一碗菜汤,一个馒头。楚使者一见,十分恼火,心想,他们把范增、钟离眛看得如此尊贵,而把项王视同草芥,其中必有奥秘,说不定范增、钟离眛早就和他们串通一起了!

楚使者受到羞辱,不胜其忿,一返回楚营,便把详情一五一十地向项王禀报了。项王听罢顿时大怒,自语道:"怪不得近日营中议论纷纷,说亚父和钟离将军私通汉王,心存异志,看来是无风不起浪呀……"项羽起了疑心,对钟离眛渐不信任,对范增也日益疏远。范增是不主张与汉军谈判的,希望楚军能一鼓作气,攻下荥阳,捉住刘邦。他越劝项羽进攻荥阳,项羽就越是怀疑他与刘邦串通一气在要什么花招。范增非常气愤,请求退隐山林。项羽也不阻拦,竟然准其所请。

范增解甲归田,在回老家居巢(今安徽桐城南)的路上,又气又恼,背生痈疽,一病而死,终年75岁。项羽闻知范增死讯,方知中了反间计,十分懊悔,但为时已晚。一个屡立奇功的唯一谋士,竟被陈平略施隐蔽造隙术便除掉了。

疑心生暗鬼,鬼使神差入歧路。项羽为人,性好疑忌,被陈平利用。陈平巧施隐蔽造隙术,就促使其与范增之间的矛盾增大,最后导致他驱除了范增。

可见,隐蔽智慧是一种制胜方法,但是操作起来需要别有心计。

忍受冲撞和打击

容忍力是指个人遭遇挫折时免于心理失常的能力，是指个人经得起打击或经得起挫折的能力。能忍受挫折的打击，具备良好的适应能力，以保持正常的心理活动，这是心理健康的标志，也是成大事者所必须具备的重要心理素质之一。

在实际操作中，一定要在忍耐中懂得进退之法，因为，进退之法，是许多成大事者都心知肚明的行动要略。李鸿章在权力的争斗中，能做到该让就让，绝不冒险，所以他才有步步高升的机会。请记住：学会忍受别人不能忍受的事。

清朝时太监李莲英受慈禧太后的宠爱，权倾朝野，人人望而生畏，人称"九千岁"。此人狐假虎威，老谋深算，心狠手辣。李鸿章以军功而升高官，最初看不起这些奴才。有时对太监李莲英有点不敬，有意无意间得罪了李莲英。

慈禧太后有意静居，想把清漪园修缮一番，以便颐养天年。苦的是筹款无术，时常焦躁。李莲英曰："李伯爷是朝廷重臣，若能体仰上意，玉成此事，以慰太后，以宽圣心，当立下不世之功。"

李鸿章听到有这样贴近慈禧太后的好机会，岂肯轻易放过？当即满口应承，并马上献计献策，同李莲英商量，巧立名目，责成各疆吏岁拨定款，就中提取六七成作为造园经费。

李莲英听了大喜，拍手称善，笑容可掬地着实奉承了李鸿章一番。看到李鸿章意得志满的样子，他憋在心里已久的那口闷气，就像要爆炸的瓦斯一样，闹得他浑身火烧火燎，表面声色不动，心中却有了主意。他谦恭有礼地希望李鸿章入园内踏勘一回，看看哪里该拆该建，做到心中有数。

李鸿章看他想得周到，说得在理，当然点头赞成，哪能想到这不男不女的家伙在巧施计谋呢！

到了约定的日子，李莲英借口有事不能奉陪，派了个伶俐的太监领着李鸿章，园前园后，园左园右，着着实实转悠了一整天。

事后不久，李莲英故意拣了个光绪皇帝肝火最旺的时候，诬陷李鸿章在清漪园里游山玩水。

光绪帝自4岁进宫称帝，从小慑于西太后的淫威，始终当着一个傀儡儿皇帝角色，凡事都要看慈禧太后的脸色，自然有一肚子说不清道不明的委屈，他最忌讳的就是别人不尊重他的皇权帝位。听说权倾当朝的李鸿章竟敢大摇大摆地在他的御苑禁地游逛，顿时大怒，认为这是"大不敬"，是对皇权皇位的公然藐视和冒犯！光绪帝一怒之下，不问青红皂白，立即下诏"申饬"，将李鸿章"交部议处"。

所谓奉旨申饬，就是由皇帝、太后或皇后派一名亲信太监，捧着"圣旨"去指着某人的鼻子，当众数落臭骂一顿。而被骂的人，既不能申辩，也不能回骂，还要伏在地上谢恩，因为那骂人的太监代表着皇帝、皇太后或皇后呀！要是那太监学着皇帝、皇后的口气骂，可能还能忍受，无奈那些太监总是用最不堪入耳的粗野的话，滥骂一气。骂到最后还要跺着脚大喝一声："混账王八蛋滚下去！"这"申饬"虽不伤皮肉，却是使人极难堪的侮辱性惩罚。因受辱不过，一气成病，甚至一怒而亡的都大有人在。

篇三
敢突破：克服面临的一个个难题

光绪年间，邮传部刚刚成立，委任张百熙为尚书、唐绍仪为侍郎，张百熙向皇上谢恩后，就去拜见唐绍仪，说了很多自谦的话，唐绍仪用广东方言回答他，张百熙听不明白，彼此发生了误会，第二天，唐绍仪回拜张百熙，请张百熙面奏皇上，调任一些官员充实邮传部，并交了一份调任人员名单，张百熙答应了。等上头宣布结果，唐绍仪提交的名单没有一个人选中，唐绍仪十分气愤。于是两人关系恶化，都写了奏折揭发对方，奏折都留在皇帝那里没有批示。他们两人又都请了病假，不到部里办公，被御史弹劾，两人都受到皇帝的指责，着太监"申饬"。唐绍仪把400两纹银送给了太监，而张百熙不知道。等传张百熙跪着听宣读圣旨后，太监跺着脚大骂："混账王八蛋滚下去。"张百熙磕头后站起来，面色苍白。而要唐绍仪听宣读圣旨时，却没有像张百熙那样挨骂。张百熙更加气愤，回家后就生了病，没有多久，因忧伤而死去了。后来，还有一位任大学堂监督、编修的刘延琛被"申饬"，他无法筹措400两银子行贿，又不能忍受这样的辱骂，十分为难，只好托人向太监说情，交了200两银子。到时，太监在斥责时，只骂了"混账，下去。"这真是"半价半骂"。

李鸿章被御批"申饬"，他自然懂得其中奥妙，立即送上银子，没有当众受辱。

李莲英并非要整倒李鸿章，只是想教训他一下，让他知道自己的厉害。

李莲英看到李鸿章使钱告饶，也出了心中那口恶气，乐得"和气生财"。

李鸿章自然很快悟出了吃亏的原委，从此以后便对这位"九千岁"

刮目相看，敬礼如仪。真可谓吃一堑，长一智。这就是李鸿章的退让之法——不去冒险与人争斗，而以守住自己为重。

这样看来：冒进是成功的前提，但不是所有的冒进都能成功，这就要求避免盲目性；相反，善于忍让，也能赢得成功，因为这样做一则保住了自己，二则保留了机会。

耐着急性子，把事情做稳

急性子总是误人不浅，有很多人深受其害。善成大事者，总能耐着性子，以便等待时机求突破。

不妨看一些具体问题：

（1）委曲求全，待机而求突破

在自己处于劣势的情况下，委曲求全，静待时机，以暗掩明，是克敌制胜的法宝。

吐蕃赞普达磨于公元842年逝世。因他无子，宠妃彡林氏立自己3岁的内侄为赞普，而没有立赞普达磨的宗族。首相不服，被她杀了。洛川门（今甘肃武山县东）讨击使论恐热早有篡国之心，闻得此事，自封国相，和青海节度使勾结，举兵造反。论恐热很快就杀败官军，占了渭州。

不过，论恐热有块心病，他很担心尚婢婢袭击他的后方。尚婢婢是鄯州（今青海乐都区一带）节度使，文武双全，为人宽厚，治军有方。论恐热决定先灭尚婢婢，以绝心腹之患。

公元 843 年，论恐热率大军攻鄯州，行军途中，遇到了少有的坏天气：行到镇西（今甘肃省东乡族自治县以西）时，狂风大作，电闪雷鸣。突然间，一个霹雳，草原上烈火熊熊，被雷劈死被火烧死十几名裨将、一百头牲口。论恐热以为是上天发怒，不敢前行。

尚婢婢闻得此事，马上命人送去大批物品，去犒赏论恐热的将士。尚婢婢的部将十分生气，都说：“论恐热来打我们，我们却去给他送礼，这不太胆怯了吗？”尚婢婢说：“我哪里是真给他送礼啊，我只不过是假装臣服，助长他的骄气。论恐热率大军前来，简直把我们看得像蝼蚁一样不堪一击，现在遇上天灾，正犹豫不决，我们此时去送礼，他肯定信以为真，不再防备我们，而我们正好养精蓄锐，等待良机。”部将听了，非常佩服。

尚婢婢的使臣来到论恐热军中，呈上厚礼和尚婢婢的亲笔信。论恐热展开一看，只见上面写道："国相举义师匡国难，只要派人送个信来，谁敢不听，何必亲劳大驾。我仅嗜读书，更兼资质愚钝，如能退回乡里，才是我平生之愿望……"

论恐热很高兴，对部下说："尚婢婢是个书呆子，就知道啃书本，哪会打仗！等我当了赞普，给他个宰相职位，叫他在家待着算了。"于是放心地撤兵走了。

"吐蕃如果没有国主，我们就归大唐，怎能屈从这类犬鼠之人！"尚婢婢见论恐热中计，抚摸着大腿笑着说。

一晃三个月过去了，尚婢婢一切准备就绪。他派结心、莽罗薛两员大将统兵五万，突然进攻论恐热的驻地大夏川（今甘肃政和县附近）。

莽罗薛领兵4万埋伏于山谷险地，结心领兵1万藏在柳林之中。又派一千轻骑登上山头，用箭把信射入城中，羞辱论恐热。论恐热见信，暴跳如雷，破口大骂。他率兵数万怒冲冲出城追杀。大军刚至柳林，即遭结心拦击，猝不及防，论恐热折了许多人马。但一会儿工夫，结心的人马渐呈败象，拨马而逃。论恐热率兵追出几十里，眼见结心的人马逃入山谷，也就追了进去。

突然，杀声震天，谷内外伏兵四起，结心领兵返身掩杀，论恐热的几万人马被切成数段，恰在此时，谷内又刮起了狂风，走石飞沙，溪水漫溢，论恐热的士兵被杀死、溺死者数不可计，几十里内全是尸体。

几十名将士保卫着论恐热逃出谷口，又遇伏击，论恐热单骑侥幸逃脱，余者全部战死。

尚婢婢在自己力量不足的时候，委曲求全，以暗掩明，等待良机，一蹴而就。

（2）冷静一下，不为人所操纵

做人办事要冷静，不能因对方制造的假象而中计。这一点非常重要。

春秋时期，晋国公子重耳逃亡在楚国时，楚王设宴款待他。酒过三巡，楚王乘酒兴对重耳说："有朝一日，公子返回晋国，将如何报答我？"

重耳想了想，回答道："如果托大王洪福，我真的能够回晋为君，我一定让晋国与楚国友好相处。如果迫不得已，两国不幸交战，我一定下命令让我国军队退避三舍（一舍合30里）以报大王恩德。"

四年之后，重耳返回晋国，当了国君，史称晋文公。晋文公励精图治，选贤任能，几年后就使晋国强大起来。接着他又建立起三军，命先轸、狐毛、狐偃等人分任三军元帅，准备征战，以称霸中原。

晋国日益强大，南方的楚国也日益强盛。公元前 633 年，楚国联合陈、蔡等 4 个小国向宋国发起攻击。宋国向晋求援，晋文公亲率三军增援宋国。

楚军统帅成得臣是个骄傲狂暴的人。晋文公深知成得臣的脾气，决心先激怒他，然后消灭他。成得臣急于寻找战机，晋文公就设计暂不与他交锋。当初与楚王宴饮，晋文公许诺如与楚军交战，一定退避三舍，这一次，晋文公信守诺言，连退三舍（90 里），一直退到城濮这个地方才停下来。

其实，晋文公的后撤是早已计划好了的，可以一举三得：一是争取道义上的支持；二是避开强敌的锋芒，激怒成得臣；三是利用城濮的有利地形。

楚将斗勃劝阻成得臣道："晋文公以一国之君的身份退避我们，给了我们好大的面子，不如借此回师，也可以向楚王交代。不然，战斗还未开始，我们已经输了一场。"

成得臣说："气可鼓而不可泄。晋军撤退，锐气已失，正可乘胜追击！"于是，挥师直追 90 里。

晋、楚双方在城濮摆下战场，晋国兵力远不如楚国，因此，晋文公也有些担心。狐偃道："今日之战，势在必胜，胜则可以称霸诸侯；不胜，退回国内，有黄河天险阻挡，楚国也奈何不了我们！"晋文公因此坚定了决战和取胜的信心。

战斗开始后，晋军下令佯作败退，楚军右军挥师追赶。一阵呐喊声中，晋将胥臣率领战车冲出。胥臣所率战车驾车的马上都披着虎皮，楚军见了，惊惶地乱跑乱叫，胥臣乘机掩杀，楚右军一败涂地。

先轸见胥臣获胜，一面命人骑马拉着树枝向北奔跑，一面派人扮成楚军士兵向成得臣报告：右军已经获胜。成得臣远望晋军向北奔跑，又见烟尘滚滚，于是信以为真。

楚左军统帅斗宜申指挥楚军冲入晋军狐偃阵中，狐偃且战且退，把斗宜申引入埋伏圈，将楚军全歼。先轸故伎重演，又派人向成得臣报告：左军大胜，晋军败逃。

成得臣见左、右二军获胜，亲率中军杀入晋军中军之中。这时，先轸与胥臣、狐偃率晋军上军、下军前来助战，成得臣方知自己的左军、右军已经大败。成得臣拼命突围，又被晋将挡住去路，幸得晋文公及时发出命令，饶成得臣一死以报当年楚王厚待之恩，成得臣才得以逃回本国。

晋文公遇事冷静，巧妙用计，经过城濮之战，一举成为"春秋五霸"之一。如果晋文公不能耐着性子，匆忙出手，恐怕就会失去霸业。

力戒浮躁，欲速则不达

做事戒急躁，人一急躁则必然心浮，心浮就无法深入到事物的内部中去仔细研究和探讨事物发展的规律，无法认清事物的本质。气躁心浮，办事不稳，差错自然会多。

《郁离子》中记录了这样一个故事：在晋郑之间的地方，有一个性情十分暴躁的人。他射靶子，射不中靶心，就把靶子的中心捣碎；下围棋败了就把棋子儿咬碎。人们劝告他说："这不是靶心和棋子的过错，你为什么不认真地想一想，问题到底出在哪里呢？"他听不进去，最后因脾气急躁得病而亡。遇事急躁，气浮心盛的例子还不止这一个。不少人办事都想一蹴而就，应该知道，做什么事都是有一定规律、有一定步骤的，欲速则不达。

战国时期魏国人西门豹，性情非常急躁，他常常扎一条柔软的皮带来告诫自己。魏文侯时，他做了邺县令。他时时刻刻提醒自己，要努力克服暴躁的脾气，要忍躁求稳求安求静，才在邺县做出了成绩。

唐朝人皇甫嵩，字持正，是一个出了名的脾气急躁的人。有一天，他命儿子抄诗，儿子抄错了一个字，他就边骂边喊，叫人拿棍子来要打儿子。棍子还没送来，他就急不可待地狠咬儿子的胳膊，以至咬出了血。如此急躁的人，怎能宽容别人？这样教育后代，能教育得好才怪呢！后来他也意识到这样急躁，气性过大，对人对己都没有好处，便开始学习忍耐。

相反，忍躁不乱行事，于人于事有从容的风度，东汉时的刘宽，就是这样。汉桓帝时，他由一个小小的内史迁升为东海太守，后来又升为太尉。他性情柔和，能宽容他人。有一次，刘宽正赶着要上朝，时间很紧，他衣服已经穿好，夫人想试试他的忍性，就让丫鬟端着肉汤给他，故意把肉汤打翻，弄脏了刘宽的衣服。丫鬟赶紧收拾盘子，刘宽表情一点不变，还慢慢地问："烫伤了你的手没有？"他的性格气度就是这样。其实汤已经洒在了身上，时间也确实很紧，即便是把失手洒汤的人骂一顿，打一顿，时间也不会夺回来，急又有什么用处呢？倒不如像刘宽那样，以自己的容人雅量，从容对事，再换件朝服，更为现实和有用。

还有明朝的赵豫，宣德和正统年间，赵豫任松江知府。他对老百姓问寒问暖，关怀备至，深得松江老百姓的爱戴。

赵豫处理日常事务，有他自己的一套工作方式。每次他见到来打官司的，如果不是很急的事，他总是慢条斯理地说："各位消消气，明日再来吧。"起先，大家对他的这套工作方法不以为然，甚至还暗地里编了一句"松江知府明日来"的顺口溜来讽刺他。这句顺口溜慢慢地在老百姓中间流传开来，老百姓见到他都叫他"明日来"。听到这个绰号，赵豫总是仁慈地笑笑，从不责备叫他绰号的人。

赵豫曾对人说起过"明日再来"的好处："有很多的人来官府打官司，是乘着一时的忿激情绪，而经过冷静思考后，或者别人对他们加以劝解之后，气也就消了。气消而官司平息，这就少了很多的恩恩怨怨。"

"明日再来"这种处理一般官司的做法，是合乎人的心理规律的。以"冷处理"缓和情绪，不急不躁，才能理智地对待所发生的一切，避免不必要的争执，忍一时的不冷静，对人对己都有好处。

正反两面的例子，我们都看到了，从中我们也总结出一些经验。中国文化的精要就在于以静制动，处安勿躁。浮躁会带来很多危害。想有所作为，而又不能马上成功，会产生急躁情绪；本以为把事情办得很好，谁知忽然节外生枝，一时又无法处理，必然生出急躁之心；因为他人的过错，给自己造成了一定的麻烦，心气不顺，也会产生急躁；望子成龙，盼女成凤，天下父母之心皆然，但偏偏儿女不争气，心中也同样急躁；受到别人的责怪、批评，又无法解释清楚，心中也会产生急躁的情绪。

无论是哪一种情况产生的急躁，其实对己对他人都没有好处。浮躁之气生于心，行动起来就会态度简单、粗暴，徒具匹夫之勇，这样不是太糊涂了吗？

别从针眼里瞧人

　　有些人总是从针眼里瞧人，心胸极端偏狭，所做之事也是小人所为。西汉宣帝病逝前夕，把政府大权交给了三位大臣，一位是外戚史高，另外两位是元帝的师傅萧望之和周堪。这些人即是从针眼里瞧人！

　　萧望之，东海兰陵（今山东枣庄东南）人。宣帝时任太子太傅，教授太子刘奭《论语》和《礼服》，与同时教授《尚书》的少傅周堪都是名声显赫、德高望重的老臣。宣帝在病中拜萧为前将军光禄勋，周为光禄大夫，兼领尚书事。萧、周二人本为师傅，又受先帝遗诏辅政，所以元帝即位之初，接连数次宴见萧、周，议论朝政。当时萧又推荐了博学多才的刘向和忠正耿直的金敞，元帝均付以重任，并加官给事中，即特赐随便出入禁中，参与机密。可见，元帝对师傅是尊重和信任的。

　　这时，石显追随弘恭多年，立足于汉家庙堂，饱览宦海沉浮和官场世故，其性格中又增加一层奸诈性，已经成了一个钻营利禄的老手。他嘴尖舌巧，头脑狡黠，内心歹毒，不但精通朝务，左右逢源，而且能用心计和语言探测出皇帝尚未明讲或难于言传的内心含义，能用一套娓娓动听的歪理把人推入陷阱或置于死地。石显凭着这套本领，很快就赢得了元帝的欢心和宠信。随着宠信加深，中书的权力日益增大，石显埋藏多年的骄横性也慢慢暴露出来，有了夺朝政大权的野心。开始是僭越。弘、石一面对元帝谄媚讨好，获取支持；一面则以久典枢机、熟悉朝政为优势，常常非议、抵制甚至推翻领尚书事的萧、周的意见。这不能不引起萧、周正直派官员的反对。于是朝中便形成了以弘、石为首的中书势力和以萧、周为首的正直势力的对立局面。双方明争暗斗，越演越烈。

萧、周等认为弘、石操纵的中书署是一股邪恶势力，铲除邪恶，光明正大，决定名正言顺地提出废除中书，更置士人。于是起草一个奏章，理由是：

"尚书百官之本，国家枢机，宜以通明公正处之。武帝游宴后庭，故用宦者，非古制也。宜罢中书宦官，应古不近刑人。"

这种重大奏章，当然只有皇帝亲自批准方可生效。他们打算首先说服元帝，然后再正式呈奏。当时摆在元帝面前的敌对双方，一方是恩师，一方是宠臣，对恩师的意见他不便拒绝，对宠臣他不忍抛弃。他的柔弱性格决定他采取折中态度，所以他对废除中书之议久置不决。这样，在正式上章之前，弘、石已经探知其情。

这时在待诏中，有两个品行污秽的人。一名郑朋，一名华龙。他们尽管上蹿下跳，积极活动，但由于品行不端，萧、周总不录用，因而怨恨在心，到处散布不满情绪。弘、石把二人找来，教唆他们诬告萧、周等人密谋排斥车骑将军史高，清除许、史外戚。按照石显安排，告章专等萧望之退朝回家休息时由郑、华呈奏，元帝一定会批转中书令审核。事情就是这样发展的。弘、石仅对萧望之略一察问，掩盖了事情的严重性，便诱使望之谈出了自己对外戚的坦率看法："外戚在位多奢淫，欲以匡正国家，非为邪也。"这些话，也就构成了他的不讳"供词"。接着，弘、石便落笔成文，呈上一个振振有词的处理奏章：

"望之、堪、更生朋党相称举，数谮诉大臣，毁离亲戚，欲以专擅权势，为臣不忠，诬上不道，请谒者召致廷尉。"

当时元帝刚刚即位，还不懂某些公文用语，自然也不懂"谒者召致廷尉"的意思就是由谒者押入监狱。他马马虎虎扫了一眼便批准了这个奏章。

不久，元帝有事要召见周堪、刘向，左右回报说："已经入狱。"元帝大吃一惊，问："'召致廷尉'不就是廷尉卿察问察问吗？"他这才明白，官样文章中还有不少名堂，于是斥责弘、石说："命他们立即出狱理事！"弘、石不能再蒙骗下去，只好向元帝叩头谢罪。他们感到单凭中书力量难以打倒萧、周正直派。既然萧、周对外戚不满，那正好联合外戚"以毒攻毒"。于是弘、石决定拉拢史高，并授予奸言。史高对元帝说："上新即位，未以德化闻于天下，而先验师傅，既下九卿大夫狱，宜因决免。"这是教唆元帝将错就错，以掩饰自己不察之过。车骑将军说话，口气又是这样顺理成章，元帝不好再说什么，于是把萧、周、刘统统免官。

事后，元帝总觉得对师傅处理不够妥当，数月后，又下了一个诏令，其中说"国之将兴，尊师而重傅"。命召萧望之回朝理事，并加官赐爵，拟日后拜为丞相。同时也召回周堪、刘向，拟任职谏议大夫，由于弘、石百般阻挠，结果二人做了郎官。当时，弘、石中书派与萧、周正直派侧目相望。势同水火，斗争仍在继续。

刘向引经据史，上书揭露弘、石；同时，萧望之的儿子萧汲也上书，为父申冤。石显等人以"诬罔不道"的罪名把刘向打入监狱,刘向后赎免为民。对萧汲上书,石显则安排了一个阴险计划。他深知作为帝师的萧望之德高望重,平素养成一种刚直不屈的性格,其奸计就是借机以闪电般的方式置萧望之于死地。

第一步是骗取元帝逮捕萧望之入狱的亲笔批示。由于中书存有当时萧的不讳"供词",在弘、石操纵下,复查萧案的部门向元帝呈交了如下一份奏章:

"望之前所坐明白,无谮诉者,而教子上书,称引亡辜之《诗》,失大臣体,不敬,请逮捕。"

接着,中书又上奏:

"望之前为将军辅政,欲排退许、史,专权擅朝。幸得不坐,复赐爵邑,与闻政事,不悔过服罪,深怀怨望,教子上书,归非于上,自以托师傅,怀终不坐。非颇诎望之于牢狱,塞其怏怏心,则圣朝亡以施恩厚。"

元帝仔细看了奏章,这次没有隐讳字眼,知道是要把萧望之打入监狱。两封奏章同持一见,来自不同部门,不好轻易否决;批准吧,却又于心不忍,神色颇为犹豫地说:"萧太傅素刚,安肯就吏?"站在一旁的石显连忙说:"人命至重,望之所坐,语言薄罪,必亡所忧。"元帝正举笔不定,听石显这么一说,也就下笔准奏。于是石显奸计初步实现。

第二步是立即把元帝的批示付诸实施。元帝批示后,石显即刻密封诏书,交付谒者,令谒者马上面交望之亲启,以明诏书非假,是圣上亲自裁决。谒者刚退,他又令太常火速发执金吾兵马,驰奔包围萧府捕人。石显这一连串动作,可谓神速惊人。萧望之启读诏书后,即欲自杀。夫人劝阻，以为诏书决不是皇帝之意，不久皇帝会醒悟过来的，可等待新的诏书，再做定夺。但兵马已经包围府第，除束手就擒，已没有等待时间。萧望之不肯受逮捕之辱，仰天长叹曰："吾尝备位将相，年逾六十矣，老入牢狱，苟求生活，不亦鄙乎！"乃服毒自杀。时为初元二年（公元前47）十二月。元帝即位刚满两年，奸佞石显就逼杀了他的师傅。

这时，宫中太监刚刚端上酒食，元帝正要用饭，忽报萧望之自杀，他惊得张口结舌，呆若木鸡，接着推开杯盘，落下泪来。萧望之毕竟是自己的师傅，怎能不为之伤怀？他召来石显，责问他为何考虑不周，以致杀死贤师。石显免冠谢罪。既然已失恩师，面对宠臣，元帝又一切谅解了。

不改正错误是愚昧的表现

凡大胜者皆知：每个人都会犯错，而知错就改是一个成大事者的优秀品质。忽必烈一生广开言路，不怕他的大臣揭短，而且还虚心请教，不但得到了他们的尊敬，而且元朝的统治也较为清明。也就是说，品行不端、心胸狭隘的人，很难具备操纵天下的气魄。

中国历史上凡是大开言路、敏于纳谏、知错即改的皇帝君王都能够跻身于英君明主的行列。自从"邹忌讽齐王纳谏"之后，能否纳谏，也就成为某一位皇帝政治贤否的标准，于是，善于纳谏的刘邦与只有一位谋臣而不能用的项羽两人就成为历代君主鉴戒的正反榜样。同样，能否纳谏、知错即改又表明了某位君主帝王的政治素质的高低。

走出大漠的忽必烈也正由于具有如此可爱的品行与智慧，像其他开国君王一样，很有资格地戴上了一顶"敏于纳谏"的桂冠。也正由于他能纳谏，便给后人留下了许多值得思考的经验。

在忽必烈的一生中，有许多将相大臣、著名文士都曾经给他上奏有关纳谏、大开言路、革除弊政的得失，但随着岁月的流逝，这些有益的谏言都在他的大脑中记忆模糊，唯有他信任的老师刘秉忠的话语始终在他的脑海中翻腾，影响了他整个一生。刘秉忠说："君子不因为言谈而废人，也不因人而不采纳他的好建议，使言路畅通，是取得天下的原因，也是统治天下百姓、使政治清明的基础。"显然，颇有慧根的刘秉忠并非就纳谏而谈纳谏，却把能否纳谏上升到了政治的范畴。忽必烈之所以能对此话铭记在心，是因为善于讽谏的刘秉忠在说明这一看似简单却很深奥的道理时，用了一大串形象的比喻，他说："天地是那样的辽阔无垠，太阳与月亮是那样的明亮，有时候也会被一些物体所遮蔽。并且遮蔽太阳明亮的是乌云；遮蔽人君之明的，是私欲与邪说。一般人有这样的缺陷，只不过遮蔽了一个人的心灵，而人君有了这种缺陷，就会遮蔽天下。"这深入浅出的道理，加上形象生动的比喻，也就难怪忽必烈会留下深刻的印象了。

而刘秉忠并非平凡之辈，他的不平凡就是在讲了一大通道理后又给忽必烈出了怎样纳谏的答案，这就是："作为君主，要常常选出左右谏臣，使他们在君主没有铸成大错前讽谏，他们的谋划能使你的计划谋略更加准确无误。"

或许第一位老师的言谈会影响一个人的一生，如果是这样的话，刘秉忠对忽必烈的个人影响恐怕应该排在第一位。诚然，我们更应感谢刘秉忠，是刘秉忠的教导，当然，也还有诸如许衡、姚枢等人的功劳，在他们的努力与影响下，才使得蒙古族少了一位刚愎自用的大汗，而在中国历史上则多了一位施行仁义，敏于纳谏的皇帝。

到底如何，让我们循着忽必烈纳谏的轨迹作一番寻觅。

1260年，是风云突变的一年，在鄂州前线与南宋激战的忽必烈，收到了他亲爱的妃子察必的情报，蒙哥已死，阿里不哥阴谋夺位。情况十万火急，忽必烈心急如焚，不知计从何出。

在这关键时刻，是郝经这位足智多谋的谋士的《东师议》，解决了他的危机。

郝经建议：首先让精锐军队把守江面，与宋朝议和，迫使宋朝割地纳币。其次，放弃辎重，轻骑速归，渡过淮河后乘坐驿车，直接到达燕都。同时，派遣一支军队直接前去迎接蒙哥汗的灵车，收缴皇帝印玺。真可谓"柳暗花明"，忽必烈没有理由不接受这样完美的谏议与谋略，后来的历史也证明，忽必烈正是按郝经的提议采取了断然行动，使元帝国的大船从浪尖驶向了风平浪静的海湾。

因而，在后来的许多年里，忽必烈都不能忘怀这位使他转危为安、顺利登上九五之尊的谋臣。

可惜，郝经在忽必烈即位初年担任国信使出使南宋后，被南宋一扣便是9年，再没有机会向忽必烈奉献他的睿智英谋了，这是历史与上天造就了郝经的历史悲剧，忽必烈对此也不无遗憾！

如果说忽必烈在这危急关头的纳谏是情势所逼，有些被动，而他做了皇帝后，则所纳之谏就并非情势所逼，由被动到主动，由必然向自然，使忽必烈的纳谏更合乎规律性。

1265年，蒙古帝国的政局是百废待兴，一切都在重建之中，这时汉法能否继续施行，蒙古帝国的施政方针如何？都为北方的地主阶级所密切关注。针对此，从草野前来的许衡上了著名的《时务五疏》，替忽必烈拨云见日，澄清了疑虑。我们曾在前文已谈及他的部分疏议，但仍有必要在此一叙。《时务五疏》其一就是希望忽必烈继续实行汉法；其二是设立中书省；其三是设立纪纲，精于吏治；其四是整顿社会风化，兴教育，使百姓安于生产；其五是劝忽必烈严号令，节喜怒。

这五点都关乎元帝国的政治与民生，因而忽必烈都予以"嘉纳之"。他希望御史官员们能够像历代贤臣那样勇于讽谏，以便使朝廷吏治清明，言路畅通。

在保持言路畅通方面，忽必烈对御史台寄予了很大的希望。历史上，御史台对封建朝廷、封建君主的施政方针、吏治、政务都起过重要的纠正作用。在监督、弹劾贪官污吏方面，发挥了不可或缺的作用，因而御史、监察官员被视作皇帝的耳目，从他们的嘴中君主可以了解民情和风情以及吏治好坏等情况。忽必烈同样如此，所以，他所选任的御史官、监察官员都是名儒或蒙古重臣。忽必烈在全国设立以御史台为首的完备的监察机构，并设立江南诸道与陕西、云南诸道行御史台，行台下设提刑按察司、肃政廉访司机构。官员们的官秩同于内台，以加强对地方吏治、官员的监督。

正由于御史官员是忽必烈纳谏、了解政治得失的重要来源，对其官员的选择就非常谨慎严格。1277年，在设立江南诸道御史台时，御史大夫姜卫就御史官员的选用问题向忽必烈建议说："陛下把臣我当作了耳目，我把监察御史、按察司官员们当作了耳目，倘若这些官员选非其人，就好像人的耳目被闭塞一样，下面的情况怎么能够达于上听呢？"他的话得到忽必烈的赞同，下诏让御史台严格官吏选拔，并且每当选任官员的名单报上来后，忽必烈必定要集中重要大臣、御史们商议讨论，如被大家认为某位人选不适宜的，就立刻罢劾。由此可见忽必烈对御史官员的重视，从而也能反映他对纳谏的重视。

忽必烈纳谏的可爱之处，是他并不偏信偏从，遇到正确的、对国家有好处的，或纠正他的过错的劝谏，他从来都能放得下面子，给以采纳，有错即改。反之，他则坚持不改。

直到临终前，老年的忽必烈也一直以善于纳谏而著名。

早在忽必烈治理漠南时，有一位叫塞旞的理财官员常常截留蒙哥大汗的财物，在暗中送给忽必烈使用，的确帮助忽必烈解决了藩府不少的困难。将近80岁的忽必烈这时老爱忆起难忘的几十年前的往事，因而常常在侍臣们的面前提起塞旞，博果密得知来由后，便劝谏说："这个人就是人们常说的作为君主的臣子而怀有二心的人啊，今天如果有一位官员把您内府的财物用来私结亲王，陛下以为如何呢？"听了博果密的话后，忽必烈马上意识到了自己的错误，立即挥手不让博果密说下去，并说："爱卿不要说了，是朕说错了。"忽必烈意识到了他的赞扬会产生的影响，不是对忠臣的勉励，而只能助长不忠的风气。

第六章
求成之法：变化自己谋事艺术

> 凡守住一点而死扣烂打的人，不一定就能成就自己，反而学会敢舍敢放而多点进攻的人，才是读懂了一个"变"字诀。

做自己的主人

在成功者的行列中，存在着各种各样个性的人，每个人只有成为坚自己人格的创造者与生命的主宰，才能成为真正有个性之人。

凯斯特是一名普通修理工，生活虽然勉强过得去，但离自己的理想还差得很远。有一次，他听说底特律一家维修公司招工，决定前去试一试，希望能够换一份待遇较高的工作。他星期日下午到达底特律，面试时间定在星期一。

吃过晚饭，他独自坐在旅馆房间中，不知为什么，他想了很多，把自己经历过的事情都在脑海中回忆了一遍。突然间他感到一种莫名的烦恼：自己并非一个智力低下的人，为什么至今依然一事无成，毫无出息呢？

他取出纸笔，写下四位自己认识多年、薪水比自己高、工作比自己好的朋友的名字。其中两位曾是他的邻居，已经搬到高级住宅区去了，另外两位是他以前的老板。他扪心自问：和这四个人相比，除了工作比他们差以外，自己还有什么地方不如他们？聪明才智？凭良心说，他们实在不比自己高明多少。

经过很长时间的思考和反思，他悟出了问题的症结——自我性格情绪的缺陷。在这一方面，他不得不承认自己比他们差了一大截。

虽然是深夜3点钟，但他的头脑却出奇的清醒。觉得自己第一次看清了自己，发现了自己过去很多时候不能控制自己的情绪，爱冲动，自卑，不能平等地与人交往等等。

整个晚上，他都坐在那儿自我检讨。他发现自从懂事以来，自己就是一个极不自信、妄自菲薄、不思进取、得过且过的人；他总是认为自己无法成功，也从不认为能够改变自己的性格缺陷。

于是，他痛下决心，自此而后，决不再有自己不如别人的想法，决不再自贬身价，一定要完善自己的情绪性格，弥补自己的不足。

第二天早晨，他满怀自信前去面试，顺利地被录用了。在他看来，之所以能得到那份工作，与前一晚的沉思和醒悟让自己多了份自信不无关系。

在走马上任的两年内，凯斯特逐渐建立起了好名声，人人都认为他是一个乐观、机智、主动、热情的人。随之而来的经济不景气，使得个人的情绪因素受到了考验。而这时，凯斯特已是同行业中少数可以做到生意的人之一了。公司进行调整时，分给了凯斯特可观的股份，并且加了他的薪水。

从凯斯特身上，我们可以看到，一个人的成功来自发现自己的不足，完善自己性格情绪。只有这样，才能在事业中不断前进，实现自己的梦想。一个人成功与否掌握在自己手中。成功个性可以作为利器，开创一片无限快乐、坚定与成功的平台。

选择造就人生

人生处处面临着选择，从某种程度上来说，人生的过程其实就是一系列的选择。当然，既然是选择，就有对有错，有获得也有失去。总的来说，好的选择往往能给人以无穷的人生动力，而不好的选择，则容易让人陷入自卑的泥沼。不过，下面这两个故事讲的却是选择对人生的另一种影响。

1960年，哈佛大学的罗森塔尔博士曾在加州一所学校做过一个著名的实验。一新学年开始时，罗森塔尔博士让校长把三位教师叫进办公室，对他们说："根据你们过去的教学表现，你们是本校最优秀的老师。因此，我们特意挑选了100名全校最聪明的学生组成三个班请你们来教。这些学生的智商比其他孩子都高，希望你们能让他们取得更好的成绩。"

三位老师都高兴地表示一定尽力。校长又叮嘱他们，对待这些孩子，要像平常一样，不要让孩子或孩子的家长知道他们是被特意挑选出来的，老师们都答应了。一年之后，这三个班的学生成绩果然排在整个学区的前列。这时，校长告诉了老师真相：这些学生并不是被刻意选出的最优秀的学生，只不过是随机抽调的最普通的学生。老师们没想到会是这样，都认为自己的教学水平确实高。这时校长又告诉了他们另一个真相，那就是，他们也不是被特意挑选出来的全校最优秀的教师，也不过是随机抽调的普通老师罢了。

读了这个故事后，你有何感想呢？可能很多人会觉得奇怪，为什么罗森塔尔博士的几句话能起到如此巨大的作用呢？其实很简单，因为人生在某种程度上正是自我选择的结果，博士的做法其实是对那些老师及学生的心理进行暗示，暗示他们是最好的，在这种心理的影响下，他们自然会取得成功。可以说，你选择什么，你就会成为什么，做事如此，处世亦如此。

你听说过坐在马路边的老人，分别被两位陌生人拜访的故事吗？

这位老人坐在一个小镇郊外的马路旁边。有一位陌生人开车来到这个小镇，看到了老人，他停车打开车门，询问老人："这位老先生，请问这是什么城镇？住在这里的是哪种类型的居民？我正打算搬来居住呢！"

这位老人抬头看了一下陌生人，并且回答说："你刚离开的那个小镇上的人们，是哪一种类型的人呢？"陌生人说："我刚离开的那个小镇上住的都是一些不三不四的人。我们住在那里没有什么快乐可言。所以我们打算要搬来这里居住。"

老人回答说:"先生,恐怕你要失望了,因为我们镇的人,也跟他们完全相像。"不久之后,又有另一位陌生人向这位老人询问同样的问题。

"这是哪一种类型的城镇呢?住在这里的是哪一种人呢?我们正寻找一个城镇定居下来呢!"

老人又问他同样的问题:"你刚离开的那个小镇上的人们到底是哪一种类型的人?"

这位陌生人回答:"喔!住在那里的都是非常好的人。我的太太和小孩子住在那里度过了一段很好的时光,但我正在寻找一个比我以前居住的地方更有发展机会的小镇。我很不愿离开那个小镇,但是我们不得不寻找更好的发展前途。"

老人说:"你很幸运,年轻人。居住在这里的人都是跟你们那里完全相同的人,你将会喜欢他们,他们也会喜欢你的。"

如果我们在寻找坏人,那么我们就真的会遇到坏人。如果我们在寻找好人,我们就一定会见到好人。不善于与人相处的人,到了哪里,都会认为别人难于相处;善于与人相处的人,见到任何人,都会与之相处融洽。

打败你的只能是你自己

在很多情况下,人们的痛苦与快乐,并不是由客观环境的优劣决定的,而是由自己的心态、情绪决定的,是一种选择的结果。

有两个人结伴穿越沙漠，走至半途，水喝完了，其中一人因中暑而不能行动。同伴把一支枪递给中暑者，再三吩咐："枪里有五颗子弹，我走后，每隔两小时你就对空中鸣放一枪。枪声会指引我前来与你会合。"说完，同伴满怀信心找水去了。躺在沙漠中的中暑者却满腹狐疑：同伴能找到水吗？能听到枪声吗？会不会丢下自己这个"包袱"独自离去？

日暮降临的时候，枪里只剩下一颗子弹，而同伴还没有回来。中暑者确信同伴早已离去，自己只能等待死亡。想象中，沙漠里秃鹰飞来，狠狠地啄瞎了他的眼睛、啄食他的身体……终于，中暑者彻底崩溃了，把最后一颗子弹送进了自己的太阳穴。枪声响过不久，同伴提着满壶清水，领着一队骆驼商旅赶来，找到了中暑者仍旧温热的尸体……

故事引人陷入深思的是：那位中暑者不是被沙漠的恶劣气候吞没，而是被自己的恶劣心理毁灭。

真正能打败你的往往只能是你自己。面对困境，悲观的人因为往往只看到事情消极的一面，进而夸大了不利的条件，最终被自己的悲观的想象所误。而那些乐观者，则往往能以一种积极的态度去观察事情，于不利的条件下发现有利的因子。

人生在世，难免遇到些伤心事、苦恼事，有时会使人痛苦不堪。作为一个乐观者，他能发挥自己丰富的想象力和多角度的思索力，极力从不幸中寻找、挖掘出积极因素来，就能转"忧"为喜，开拓出一片新的天地，从"山穷水尽"转入"柳暗花明"。有这么一个寓言故事：两个工匠一起去卖花盆，不幸途中翻了车，花盆大半打碎，悲观的工匠说："完了，坏了这么多花盆，真倒霉！"而另一个乐观的工匠却说："真幸运，还有这么多花盆没有打碎。"善于从事情的另一面看问题，从不幸中挖掘出了有幸，有一句话，叫"境由心造"，说的就是这个道理。在很多情况下，人们的痛苦与快乐，并不是由客观环境的优劣决定的，而是由自己的心态、情绪决定的。是一种选择的结果。遇到同一件事，有人感到痛苦，有人却感受到快乐，这完全是不同的心情使然。美国成人教育家卡耐基说："如果我们有着快乐的思想，我们就会快乐。如果我们有着凄惨的思想，我们就会凄惨。如果我们有害怕的思想，我们就会害怕。如果我们有不健康的思想，我们还可能会生病。"对这个问题，英国文学家萧伯纳讲得更为明确。曾有一名记者问萧伯纳："请问乐观主义者与悲观主义者的区别何在？"萧伯纳回答："这很简单，假定桌子上有一瓶只剩下一半的酒，看见这瓶酒的人如果高喊：'太好了，还有一半。'这就是乐观主义者；如果有人对着这瓶酒叹息：'糟糕！只剩下一半。'那就是悲观主义者。"

　　人生之路不可能一帆风顺，总会有困难，有挫折，有烦恼，有痛苦，这些都是客观存在，想躲也躲不过去，你叹息也好，焦急也好，忧虑也好，恐惧也好，都无助于问题的解决。在这种情况下，与其在那里唉声叹气，惶惶不安，不如拿起心理调节武器，从相反方向思考问题，使情绪由"阴"转"晴"，摆脱烦恼。俄国作家契诃夫曾这样说："要是火柴在你口袋里燃烧起来了，那你应该高兴，而且感谢上苍，多亏你的口袋不是火药库。要是你的手指扎了一根刺，那你应该高兴，挺好，多亏这根刺不是扎在眼睛里。""依此类推……照我的劝告去做吧，你的生活就会欢乐无穷。"当我们遇到困难、挫折、逆境、厄运的时候，运用一下反向心理调节，就能使自己从困难中奋起，从逆境中解脱，进入洒脱通达的境界，迎来万紫千红的艳阳天。

坚持到底的个性

在生活中我们常听见一些人说："为了成功，我曾试了不下上千次，可就是不见成效。"你相信这句话是真的吗？别说他们没试过上百次，甚至于有没有十次都颇令人怀疑。或许有些人曾试过八次、九次，乃至于十次，但因为不见成效，结果就放弃了再试的念头。

成功的秘诀，就在于确认出什么对你是最重要的，然后拿出各样行动，不达目的誓不罢休。在此，举个例子，不知道你是否听过桑德斯上校的故事？他是"肯德基炸鸡"连锁店的创办人，你可知道他是如何建立起这么成功的事业吗？是因为生在富豪家、念过像哈佛这样著名的高等学府、抑或是在很年轻时便投身于这门事业上？你认为是哪一个呢？

上述的答案都不是，事实上桑德斯上校于65岁时才开始从事这个事业，那么又是什么原因使他终于拿出行动来呢？因为他身无分文且孑然一身，当他拿到生平第一张救济金支票时，金额只有105美元，内心实在是极度沮丧。他不怪这个社会，也未写信去骂国会，仅是心平气和地自问："到底我对人们能作出何种贡献呢？我有什么可以回馈的呢？"

随之，他便思量起自己的所有，试图找出可为之处。头一个浮上他心头的答案是："很好，我拥有一份人人都会喜欢的炸鸡秘方，不知道餐馆要不要？我这么做是否划算？"随即他又想到："要是我不仅卖这份炸鸡秘方，同时还教他们怎样才能炸得好，这会怎么样呢？如果餐馆的生意因此而提升的话，那又该如何呢？如果上门的顾客增加，且指名要点用炸鸡，或许餐馆会让我从中抽成也说不定。"

好点子固然人人都会有，但桑德斯上校就跟大多数人不一样，他不但会想，还知道怎样付诸行动。他开始挨家挨户敲门，把想法告诉每家餐馆："我有一份上好的炸鸡秘方，如果你能采用，相信生意一定能够提升，而我希望能从增加的营业额里抽成。"很多人都当面嘲笑他："得了罢，老家伙，若是有这么好的秘方，你干吗还穿着这么可笑的白色服装？"

这些话是否让桑德斯上校打退堂鼓呢？丝毫没有，因为他还拥有天字第一号的成功秘方，即"能力法则"（Personal Power），意思是指"不懈地拿出行动"：在你每当做什么事时，必得从其中好好学习，找出下次能做得更好的方法。桑德斯上校确实奉行了这条法则，从不为前一家餐馆的拒绝而懊恼，反倒用心修正说词，以更有效的方法去说服下一家餐馆。

桑德斯上校的点子最终被接受，你可知先前被拒绝了多少次吗？整整1009次之后，他才听到了第一声"同意"。在过去两年时间里，他驾着自己那辆又旧又破的老爷车，足迹遍及美国每一个角落。困了，就和衣睡在后座，醒来逢人便诉说他那些点子。他为人示范所炸的鸡肉，经常就是充饥的餐点，往往急匆匆便解决了一顿。

在历经1009次的拒绝，整整两年的时间，有多少人还能够锲而不舍地继续下去呢？真是少之又少了，也无怪乎世上只有一位桑德斯上校。我相信很难有几个人能受得了20次的拒绝，更遑论100次或1000次的拒绝，然而这也就是成功的可贵之处。如果你好好审视历史上那些成大功、立大业的人物，就会发现他们都有一个共同的特点：不轻易为"拒绝"所打败而退却，不达成他们的理想、目标、心愿就决不罢休。

华德·迪斯尼为了实现建立"地球最欢乐之地"的美梦，四处向银行融资，可是被拒绝了302次之多，每家银行都认为他的想法怪异。其实并不然，他有远见，尤其是有决心想实现。今天，每年有上百万游客享受到前所未有的"迪斯尼欢乐"，这全都出于一个人的决心。

即使你身处事业的绝境，你仍然可以这么想："纵使我此刻情况不佳，但依然有些值得感恩的地方，例如还有两位好朋友，脑筋也没错乱，甚至于还能呼吸。"

你应该不断地提醒自己留意所想要的，别只看见问题却不见解决的办法。你更应告诫自己，即使那些问题此刻困扰着你，但绝不会一辈子缠着你而不去。不管在金钱上或心情上有多么不顺遂，你都绝不能让生命再陷在其中。同时，每一个人都应认定，自己的命运并不是真那么糟，只是好时光尚未到来罢了。

只要能不断辛勤灌溉所种下的种子——持续去做对的事情——那么就会走出人生的冬季、进入春季，多年看似不见成效的努力就终必有收成的一天。凭毅力与韧性去追求所企望的目标，至终必然会得到所要的，千万别在中途便放弃希望。就从今天起拿出必要的行动，哪怕只是小小的一步。很多人会接受这个道理，但却很少有人马上拿出行动来，原因是他们害怕失败。

承受挫折的个性

许多年前，一位聪明的老国王召集大臣，让他们编一本《古今智慧录》，留传给子孙。这些大臣工作很长时间，完成了一套12卷的巨作。国王说太厚，需要浓缩。这些大臣又经过长期的努力，变成了一卷书。然而，国王还嫌太长。于是，这些人把一本书浓缩为一章，然后缩为一页，再变为一段，最后变成一句。聪明的国王看到这句话，显得很满意。他说："这是古今智慧的结晶。全国各地的人一旦知道这个真理，我们大部分的问题就可以解决了。"这句话是："挫折是一笔可贵的财富。"

有责任感的人都会同意"挫折是一笔可贵的财富"，没有人会不劳而获，在走向成功的道路上，你要付出汗水，还要勇敢面对挫折与失败。从挫折中吸取教训，是迈向成功的踏脚石。当我们观察成功人士时，会发现他们的背景各不相同。那些大公司的经理、政府的高级官员以及每一行业的知名人士都可能来自清寒家庭、破碎家庭、偏僻的乡村甚至于贫民窟。这些人现在都是社会上的领导人物，他们都经历过艰难困苦的阶段。

把每一个"失败"先生拿来跟"平凡"先生以及"成功"先生相比，你会发现，他们各方面（包括年龄、能力、社会背景、国籍以及任何一方面）都很可能相同，只有一个例外，就是对遭遇挫折的反应态度不同。

当"失败"先生跌倒时，就无法爬起来了。他只会躺在地上骂个没完。"平凡"先生会跪在地上，准备伺机逃跑，以免再次受到打击。但是，"成功"先生的反应跟他们不同。他被打倒时，会立即反弹起来，同时会吸取这个宝贵的经验，继续往前冲刺。

哈佛大学的一位教授讲过这样一件事：

几年前，他把毕业班的一个学生的成绩打了个不及格，这件事对那个学生打击很大。因为他早已做好毕业后的各种计划，现在不得不取消，真的很难堪。他只有两条路可走：第一是重修，下年度毕业时才拿到学位。第二是不要学位，一走了之。

在知道自己不及格时，他非常失望，并找这位教授要求通融一下。在知道不能更改后，他大发脾气，向教授发泄了一通。这位教授等待他平静下来后，对他说："你说的大部分都很对，确实有许多知名人物几乎不知道这一科的内容。你将来很可能不用这门知识就获得成功，你也可能一辈子都用不到这门课程里的知识，但是你对这门课的态度却对你大有影响。"

"你是什么意思？"这个学生问道。

教授回答说："我能不能给你一个建议呢？我知道你相当失望，我了解你的感觉，我也不会怪你。但是请你用积极的态度来面对这件事吧。这一课非常非常重要，如果不由衷培养积极的心态，根本做不成任何事情。请你记住这个教训，五年以后就会知道，它是使你收获最大的一个教训。"

后来这个学生又重修了这门功课，而且成绩非常优异。不久，他特地向这位教授致谢，并非常感激那场争论。

"这次不及格真的使我受益无穷。"他说，"看起来可能有点奇怪，我甚至庆幸那次没有通过。因为我经历了挫折，并尝到了成功的滋味。"

我们都可以化失败为胜利，从挫折中吸取教训，好好利用，就可以对失败泰然处之。

千万不要把失败的责任推给你的命运，要仔细研究失败的实例。如果你失败了，那么继续学习吧！这可能是你的修养或火候还不够好的缘故。世界上有无数人，一辈子浑浑噩噩，碌碌无为，他们对自己一直平庸的解释不外是"运气不好"、"命运坎坷"、"好运未到",这些人仍然像小孩那样幼稚与不成熟。他们只想得到别人的同情,简直没有一点主见。由于他们一直想不通这一点,才一直找不到使他们变得更伟大、更坚强的机会。

马上停止诅咒命运吧!因为诅咒命运的人永远得不到他想要的任何东西。

不管是暂时的挫折还是逆境,只要这个人把它当作是一种教训,那么它就不会在一个人的意识中成为失败。事实上,在每一种逆境每一个挫折中都存在着一个持久性的大教训。而且,通常说来,这种教训是无法以挫折以外的其他方式获得的。挫折通常以一种"哑语"向我们说话,而这种语言却是我们所不了解的。如果这种说法不对的话,我们也就不会把同样的错误犯了一遍又一遍,而且又不知从这些错误中吸取教训。

永不绝望的个性

人生之路,一帆风顺者少,曲折坎坷者多,成功是由无数次失败构成的。但失败对人毕竟是一种"负性刺激",总会使人不愉快、沮丧、自卑。因此如何面对、如何自我解脱就成为能否战胜自卑、走向自信的关键。

要使自己不成为"经常的失败者",就要善于挖掘、利用自身的"资源"。虽然有时个体不能改变"环境"的"安排",但谁也无法剥夺其作为"自我主人"的权利。应该说当今社会已大大增加了这方面的发展机遇,只要敢于尝试,勇于拼搏,是一定会有所作为的。屈原遭放逐乃赋《离骚》,司马迁受宫刑乃成《史记》,就是因为他们无论什么时候都不气馁、不自卑,都有坚韧不拔的意志!有了这一点,就会挣脱困境的束缚,走向人生的辉煌。

此外,作为一个现代人,应具有迎接失败的心理准备。世界充满了成功的机遇,也充满了失败的可能。所以要不断提高自我应付挫折与干扰的能力,调整自己,增强社会适应力,坚信失败乃成功之母。若每次失败之后都能有所"领悟",把每一次失败当做成功的前奏,那么就能化消极为积极,变自卑为自信。

在福特公司工作已 32 年,当了 8 年总经理,一帆风顺的艾柯卡突然间被妒火中烧的大老板亨利·福特开除而失业了,艾柯卡痛不欲生,他开始喝酒,对自己失去了信心,认为自己要彻底崩溃了。就在这时,艾柯卡接受了一个新挑战:应聘到濒临破产的克莱斯勒汽车公司出任总经理。凭着他的智慧、胆识和魅力,艾柯卡大刀阔斧地对克莱斯勒公司进行了整顿、改革,并向政府求援,舌战国会议员,取得了巨额贷款,重振企业雄风。在艾柯卡的领导下,克莱斯勒公司在最黑暗的日子里推出了 K 型车的计划,此计划的成功令克莱斯勒公司起死回生,成为仅次于通用汽车公司、福特汽车公司的第三大汽车公司。1983 年 7 月 13 日,艾柯卡把面额高达 8.13 亿美元的支票交到银行代表手里,至此,克莱斯勒公司还清了所有债务,而恰恰是 5 年前的这一天,亨利·福特开除了他。事后,艾柯卡深有感触地说:"奋力向前,哪怕时运不济;永不绝望，哪怕天崩地裂。"

罗曼·罗兰说："痛苦像一张犁，它一面犁破了你的心，一面掘开了生命的新起源。"古人讲"不知生，焉知死？"不知苦痛，怎能体会到快乐？痛苦就像一枚青青的橄榄，品尝后才知其甘甜，这品尝需要勇气！

面对挫折和失败，唯有乐观积极的心态，才是正确的选择。其一，做到坚韧不拔，不因挫折而放弃追求；其二，注意调整、降低原先脱离实际的"目标"，及时改变策略；其三，用"局部成功"来激励自己；其四，采用自我心理调适法，提高心理承受能力。

敢于打破常规的个性

每一个人做事，不仅要选择那些适合自己的事业，而且需要独具慧眼，敢于打破常规，敢于冲破世俗观念，选择更适合自己，更有利于发展自己的长处，更有益于使自己走向成功的事业。

麦克与迪克两兄弟是快餐业的始作俑者。可以这样说，是麦氏兄弟开创了这么一个事业，而克罗克使它发扬光大。

麦氏兄弟的父亲是位制鞋工人。当兄弟俩高中毕业的时候，正赶上美国经济大萧条。当时不少小型企业都面临倒闭的困境。自然，他父亲所在的工厂也难逃厄运。兄弟俩毕业后不能继承父业，只好离家外出寻找新的就业机会。

后来他们选择了经营汽车餐厅。当时，美国的餐饮业都是一家一户小本经营的。特点是家庭传统经营，一代一代往下传，很少有什么突破。麦氏兄弟上一代人没有人经营过餐馆，没有相关的经验背景。或许正因为如此，他们脑子里没有什么框框。这也就是为什么他们可以在传统的餐饮服务业中敢于打破常规进行开创性革命的原因之一。

1937年，在美国洛杉矶东部巴沙地那，一间小小的汽车餐厅开张了。这是一间小得不能再小的餐厅了。兄弟俩自己煎着热狗，调着牛奶，准备了十几把带有伞顶的椅子，还雇了三个年轻人，让他们到停车场招揽客人。

当时美国汽车已经比较普及。开车路过的人，到汽车餐馆买个热狗再要点饮料，急匆匆地吃一点儿就忙着赶路。汽车工业的发展也带动了相关的如快餐业的生存和发展。麦氏兄弟俩的餐馆看来生意还不错。1940年他们又开了一间更大的汽车餐馆。

这是一间与当地汽车餐馆在经营特色上有一些不同的餐馆。建筑形状呈八角形，前脸儿是一个落地的大窗，目的是将它的厨房暴露出来。餐馆里没有桌子，只有几只凳子。这座造型十分奇特的建筑和开放式的厨房引起了人们的好奇。在开张后的几年，这里成了当地人、特别是年轻人最爱去的地方。

正是这间餐厅，使兄弟俩成为当地新贵。他们俩每人年平均5万美元的收入，这足可以使他们进入当地的上流社会了。

不久，城里同样的汽车餐馆逐渐多起来了，而且，雇用服务员也很不容易。由于餐馆多，相互竞争很厉害，那些服务员自认为奇货可居，要的报酬很高，而且很不听使唤。如果不是麦氏兄弟在汽车餐饮业里积累了一些经验，或许也是因为对餐饮业还很有一点感情，他们早就打退堂鼓了。

兄弟俩发现，汽车餐厅在经营上有一个误区：那就是让人一听到汽车餐厅就会想到这是一种出售廉价食品的地方。另外，食品成本和劳动力成本都不断地上涨，生意实际上很难做下去。

这时候，他们哥俩想进行一项别的经营者想都不敢想的改革。

他们通过对几年来经营收入的分析研究，发现有60%的收入来自汉堡包，而不是排骨。尽管他们在排骨上做的广告比汉堡包多得多。

就是这么一个谁都没想到的改革，推动了世界快餐业的一场巨大的革命！

敢于打破常规的个性是一个人身上突破各种条条框框、找到创新之路的基点。许多人正是因为不具备这种个性，所以永远都是抱着佛脚！

冒险的个性

在成功的旅程上，有些路段常常存在着风险，那些胆小如鼠，掉个树叶也怕砸脑袋的人，是很难通过这段路的，更不要说摘取前边树上那诱人的果实了。而那些具有敢于冒险个性的人，却是别有一番收获。

1998年，在温布尔登举行的网球锦标赛女子组半决赛中，16岁的前南斯拉夫女选手塞莱丝与美国女选手津娜·加里森对垒。随着比赛的进行，人们越来越清楚地发现，塞莱丝的最大对手并非加里森，而是她自己——赛后，塞莱丝垂头丧气地说道："这场比赛中双方的实力太接近了，因此，我总是稳扎稳打，只敢打安全球，而不敢轻易向对方进攻，甚至在津娜第二次发球时，我还是不敢扣球求胜。"

而加里森却恰恰相反，她并不只打安全球。"我暗下决心，鼓励自己要敢于险中求胜，决不优柔寡断，犹豫不决。"津娜·加里森赛后谈道，"即使输了球，我至少也知道自己是尽了力的。"结果，加里森在比赛中先是领先，继而胜了第一局，后来又胜了一盘，最终赢得了全场比赛。

当遇到严峻形势时，人们习惯的做法是小心谨慎，保全自己。而结果呢？不是考虑怎样发挥自己的潜力，而是把注意力集中在怎样才能缩小自己的损失上。正像塞莱丝的经历一样，这种人的结果大都会以失败而告终。

任何领域的领袖人物，他们之所以能够成为顶尖人物，正是由于他们勇于面对风险之事。美国传奇式人物、拳击教练达马托曾经一语道破："英雄和懦夫都会有恐惧，但英雄和懦夫对恐惧的反应却大相径庭。"

做事业，无论你准备得多么充分，有一件事总是难免的：当你从事某项新事务时，失误便会伴随而来。无论是作家，销售人员，还是运动员，只要他不断向自己提出挑战，就难免会有出现失误的风险。

吉姆·伯克晋升为约翰森公司新产品部主任后的第一件事，就是要开发研制一种儿童所使用的胸部按摩器。然而，这种产品的试制失败了，伯克心想这下可要被老板炒鱿鱼了。

伯克被召去见公司的总裁，然而，他受到了意想不到的接待。"你就是那位让我的公司赔了大钱的人吗？"罗伯特·伍德·约翰森问道，"好，我倒要向你表示祝贺。你能犯错误，说明你勇于冒险。而如果缺乏这种精神，我们的公司就不会有发展了。"数年之后，伯克本人成了约翰森公司的总经理，他仍牢记着前总裁的这句话。

发挥勇于冒险求胜的个性，你就能比你想象的做得更多更好。在勇冒风险的过程中，你就能使自己的平淡生活变成激动人心的探险经历，这种经历会不断地向你提出挑战，不断地奖赏你，也会不断地使你恢复活力。

跨越自我的个性

跨越自我的个性主要表明这样一个道理：相信自己能够成功，往往自己就能成功，这是人的意识和潜意识在起作用。人的心灵有两个主要部分，就是意识和潜意识。当意识做所有的决定时，潜意识则做好所有的准备。换句话说，意识决定了"做什么"，而潜意识便将"如何做"整理出来。意识就好像冰山浮出水平线上的一角，而潜意识就是埋藏在水平线下面很大很深的部分。有人还用科学术语比喻：人体的神经系统，特别是大脑，就相当于电脑的"硬件"，意识就是这部无比精密电脑的"操作者"，潜意识就等于电脑的"软件"。

一个人如果下定决心做成某件事，那么他就会凭借胆识的驱动和潜意识的力量，跨越前进路上的重重障碍，成功也就有了切实可靠的保证。

被称为新工业之父的亨利·福特，年轻时在一家电灯公司当工人。有一天他突发奇想，产生了要设计一种新型引擎的意识，他把这个想法告诉妻子，妻子对他的发明研究很支持，还鼓励他说："天下无难事，你就试试吧！"她把家里的旧棚子腾出来，供他试验用。福特每天下班回到家里，就钻进旧棚子里做引擎的研究工作。冬天旧棚子里冷，他的手都冻成紫包，牙齿在寒冷中格格颤抖，可他默默地对自己说："引擎的研究已经有了头绪，再坚持干下去就能成功。"亨利·福特充分调动了自身的自动引导系统，在旧棚子里苦干了三年，这个异想天开的稀奇的东西终于问世了。1893年，亨利·福特和他的妻子乘坐着一辆没有马的马车，在大街上摇晃着前进，街上的人被这景象吓了一跳，有些胆小者还躲在远处偷偷地观看。从这一天起，这个对整个世界都产生深远影响的新工业，就在亨利·福特的意识和潜意识的驱动下诞生了。

后来亨利·福特决定制造著名的V8型汽车时，他要求工程师们在一个引擎上铸造8个完整的气缸。工程师们听了都直摇头说："这不可能。"福特命令道："谁不想干，就走人！"工程师们谁都不愿失业，只好照着亨利·福特的命令去做。因为他们认为这是一件不可能的事，所以谁都没有把成功的概念输入在自己的意识里，这样潜意识也就闲置起来。6个月过去了，研究毫无进展。亨利·福特决定另外挑选几个对研制V8型汽车有信心的人去完成。他坚信人一旦有了稳操胜券的心理，就有了希望。新挑选的几个工程师经过反复研究，忽然间，好像被一股神秘的力量"击中"，终于找到了制造V8型汽车的关键窍门。

是什么令这V8型汽车从无到有？是什么令这"不可能"的计划奇

迹般地成功？

　　这就是"胆识"的作用。福特就是靠自己不寻常的胆识，找到了制造 V8 型汽车的窍门。

　　跨越自我的个性可以成为一个人不断地向前推进的内在力——一个人期望的多，得到的就多，期望值高，获得的成功就大。因此，真正的跨越高手都是拥有"起跳的个性"。